本書で学習する内容

本書でPowerPointの基本機能を効率よく学んで、ビジネスで役立つ本物のスキルを身に付けましょう。

PowerPoint習得の第一歩 基本操作をマスターしよう

第1章 PowerPointの基礎知識

PowerPointの画面構成や基本操作はOffice共通！ひとつ覚えたらほかのアプリにも応用できる！

第2章 基本的なプレゼンテーションの作成

デザインを選ぶ！

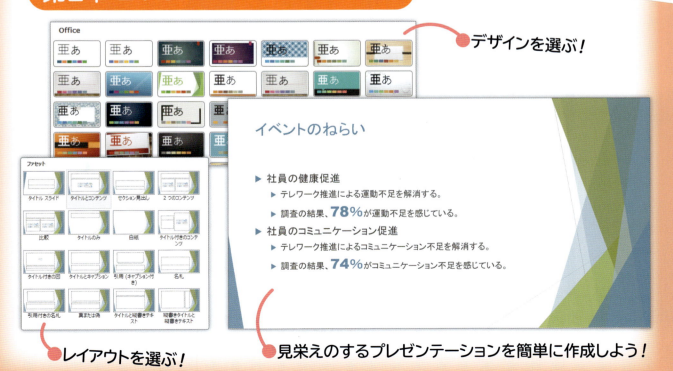

レイアウトを選ぶ！

見栄えのするプレゼンテーションを簡単に作成しよう！

表やグラフを使って、説得力のあるスライドを作成しよう

第3章 表の作成

プロジェクトの推移

年月	イベント	説明
2023年7月	「REPET」発表	展示会で発表後、店頭販売を開始
2023年10月	ふく服オンライン開始	オンラインストアを開設
2024年3月	ふく服コミュニティー開始	コーディネートをシェアするSNS
2024年8月	Rock FOMに出店	音楽フェスでTシャツを販売
2025年1月	コラボ商品第1弾	ワンピースを制作

項目が多いデータは表に整理して、伝えたい内容がひと目でわかるスライドにしよう！

第4章 グラフの作成

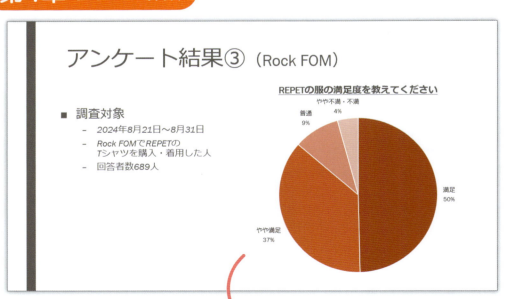

アンケート結果③（Rock FOM）

- 調査対象
  - 2024年8月21日～8月31日
  - Rock FOMでREPETのTシャツを購入・着用した人
  - 回答者数689人

REPETの服の満足度を教えてください
- 満足 50%
- やや満足 37%
- 普通 9%
- やや不満・不満 4%

数値を視覚的に表現して、データの傾向や変化を把握しやすいスライドにしよう！

図形や画像を使って、見栄えのするスライドを作成しよう

第5章 図形やSmartArtグラフィックの作成

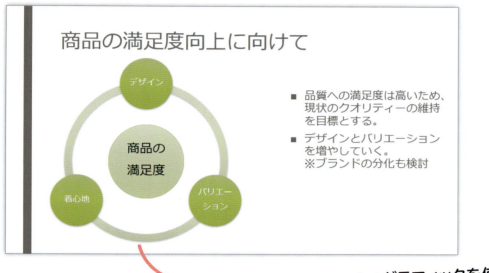

図形やSmartArtグラフィックを使って、視覚に訴えかけるテクニックを身に付けよう！

第6章 画像やワードアートの挿入

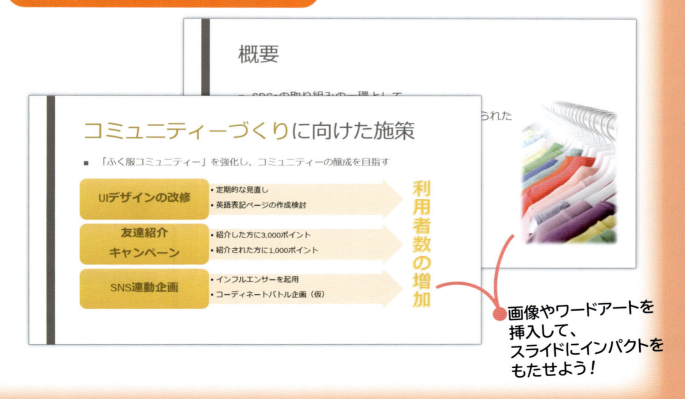

画像やワードアートを挿入して、スライドにインパクトをもたせよう！

アニメーションや画面切り替えを使って、プレゼンテーションに動きを付けよう

第7章 特殊効果の設定

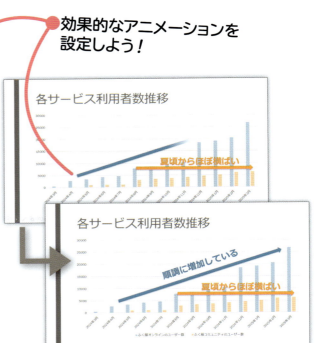

効果的なアニメーションを設定しよう！

● スライドが切り替わるときに変化を付けよう！

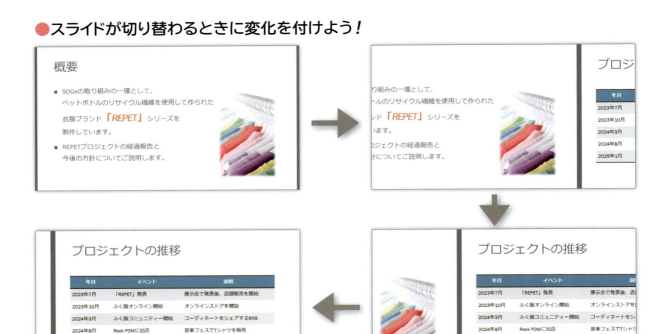

便利な機能を使いこなそう

第8章 プレゼンテーションをサポートする機能

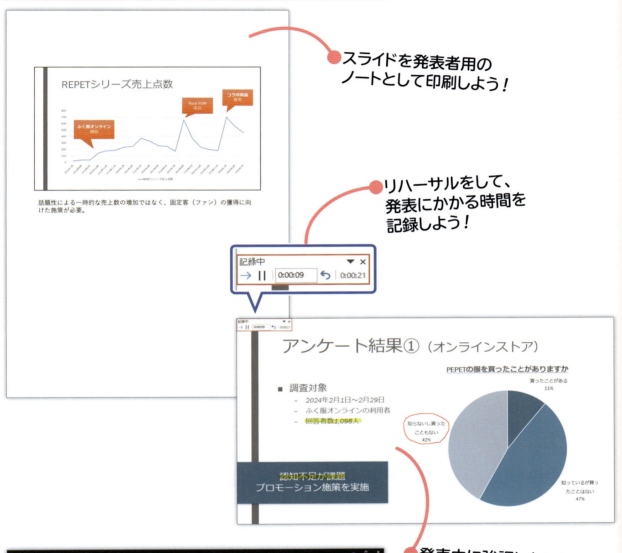

スライドを発表者用の
ノートとして印刷しよう！

リハーサルをして、
発表にかかる時間を
記録しよう！

発表中に強調したいところを
ペンで囲んだり、蛍光ペンで
色を塗ったりしよう！

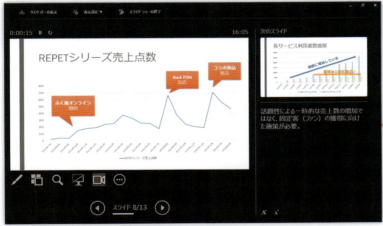

発表者ツールを使って、
補足説明やスライドショーの
経過時間などを確認しよう！

本書を使った学習の進め方

1 学習目標を確認

学習をはじめる前に、「**この章で学ぶこと**」で学習目標を確認しましょう。
学習目標を明確にすると、習得すべきポイントが整理できます。

2 章の学習

学習目標を意識しながら、機能や操作を学習しましょう。

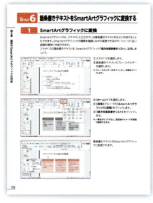
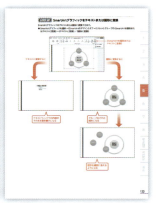

3 練習問題にチャレンジ

章の学習が終わったら、章末の「**練習問題**」にチャレンジしましょう。
章の内容がどれくらい理解できているかを確認できます。

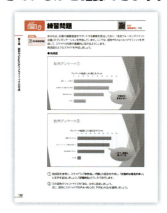

本書の各章は、次のような流れで学習を進めると、効果的な構成になっています。

4 学習成果をチェック

章のはじめの「**この章で学ぶこと**」に戻って、学習目標を達成できたかどうかをチェックしましょう。
十分に習得できなかった内容については、該当ページを参照して復習しましょう。

5 総合問題にチャレンジ

すべての章の学習が終わったら、「**総合問題**」にチャレンジしましょう。
本書の内容がどれくらい理解できているかを確認できます。

6 実践問題で力試し

本書の学習の仕上げに、「**実践問題**」にチャレンジしてみましょう。
PowerPointがどれくらい使いこなせるようになったかを確認できます。

実践問題で力試し

本書の学習の仕上げに、実践問題にチャレンジしてみましょう。

実践問題は、どのような成果物を仕上げればいいのかを自ら考えて解く問題です。
問題文に記載されているビジネスシーンにおける上司や先輩からの指示・アドバイス、条件をもとに、PowerPointの機能や操作手順を考えながら問題にチャレンジしてみましょう。
標準解答の完成例と同じに仕上げる必要はありません。自分で最適と思える方法で操作してみましょう。

はじめに

多くの書籍の中から、「PowerPoint 2024基礎 Office 2024／Microsoft 365対応」を手に取っていただき、ありがとうございます。

本書は、これからPowerPointをお使いになる方を対象に、基本的なプレゼンテーションの作成、表やグラフの作成、画像の挿入やアニメーションの設定、印刷やスライドショーなどの機能についてわかりやすく解説しています。また、各章末の練習問題、総合問題、そして実務を想定した実践問題の3種類の練習問題を用意しています。これらの多様な問題を通して学習内容を復習することで、PowerPointの操作方法を確実にマスターできます。

巻末には、作業の効率化に役立つ**「ショートカットキー一覧」**を収録しています。

本書は、根強い人気の**「よくわかる」**シリーズの開発チームが、積み重ねてきたノウハウをもとに作成しており、講習会や授業の教材としてご利用いただくほか、自己学習の教材としても最適です。

本書を学習することで、PowerPointの知識を深め、実務にいかしていただければ幸いです。

本書を購入される前に必ずご一読ください

本書に記載されている操作方法は、2025年1月時点の次の環境で動作確認しております。
・Windows 11（バージョン24H2　ビルド26100.2894）
・PowerPoint 2024（バージョン2411　ビルド16.0.18227.20082）
本書発行後のWindowsやOfficeのアップデートによって機能が更新された場合には、本書の記載のとおりに操作できなくなる可能性があります。あらかじめご了承のうえ、ご購入・ご利用ください。

2025年3月11日
FOM出版

◆Microsoft、Excel、Microsoft 365、OneDrive、PowerPoint、Windowsは、マイクロソフトグループの企業の商標です。
◆QRコードは、株式会社デンソーウェーブの登録商標です。
◆その他、記載されている会社および製品などの名称は、各社の登録商標または商標です。
◆本文中では、TMや®は省略しています。
◆本文中のスクリーンショットは、マイクロソフトの許諾を得て使用しています。
◆本文およびデータファイルで題材として使用している個人名、団体名、商品名、ロゴ、連絡先、メールアドレス、場所、出来事などは、すべて架空のものです。実在するものとは一切関係ありません。
◆本書に掲載されているホームページやサービスは、2025年1月時点のもので、予告なく変更される可能性があります。

目次

■ 本書をご利用いただく前に ……………………………………………………… 1

■ **第1章　PowerPointの基礎知識** …………………………………… 9

　この章で学ぶこと ……………………………………………………………… 10
　STEP1　PowerPointの概要 ………………………………………………… 11
　　●1　PowerPointの概要 …………………………………………………… 11
　STEP2　PowerPointを起動する …………………………………………… 15
　　●1　PowerPointの起動 …………………………………………………… 15
　　●2　PowerPointのスタート画面 ………………………………………… 16
　STEP3　プレゼンテーションを開く ………………………………………… 17
　　●1　プレゼンテーションを開く ………………………………………… 17
　　●2　プレゼンテーションとスライド …………………………………… 19
　STEP4　PowerPointの画面構成 …………………………………………… 20
　　●1　PowerPointの画面構成 ……………………………………………… 20
　　●2　PowerPointの表示モード …………………………………………… 21
　　●3　スライドの切り替え ………………………………………………… 24
　STEP5　プレゼンテーションを閉じる ……………………………………… 25
　　●1　プレゼンテーションを閉じる ……………………………………… 25
　STEP6　PowerPointを終了する …………………………………………… 26
　　●1　PowerPointの終了 …………………………………………………… 26

■ **第2章　基本的なプレゼンテーションの作成** ……………………… 27

　この章で学ぶこと ……………………………………………………………… 28
　STEP1　作成するプレゼンテーションを確認する ………………………… 29
　　●1　作成するプレゼンテーションの確認 ……………………………… 29
　STEP2　新しいプレゼンテーションを作成する …………………………… 30
　　●1　新しいプレゼンテーションの作成 ………………………………… 30
　　●2　テーマの適用 ………………………………………………………… 31

STEP3	プレースホルダーを操作する	33
●1	プレースホルダー	33
●2	タイトルの入力	33
●3	プレースホルダーの選択	34
●4	プレースホルダーのサイズ変更	36
●5	プレースホルダーの移動	37
STEP4	新しいスライドを挿入する	38
●1	新しいスライドの挿入	38
STEP5	箇条書きテキストを入力する	39
●1	箇条書きテキストの入力	39
●2	箇条書きテキストのレベルの変更	40
●3	文字のコピー	41
STEP6	文字や段落に書式を設定する	44
●1	フォント・フォントサイズ・フォントの色の変更	44
●2	フォントサイズの拡大・縮小	46
●3	行頭文字の変更	48
●4	行間の設定	50
STEP7	プレゼンテーションの構成を変更する	51
●1	スライドの複製	51
●2	スライドの入れ替え	52
●3	スライド一覧表示でのスライドの入れ替え	53
STEP8	スライドショーを実行する	56
●1	スライドショー	56
●2	スライドショーの実行	56
STEP9	プレゼンテーションを保存する	58
●1	名前を付けて保存	58
練習問題		**61**

■第3章　表の作成 ……………………………………………………… 63

この章で学ぶこと …………………………………………………… 64

STEP1　作成するスライドを確認する………………………………… 65
- ●1　作成するスライドの確認 …………………………………………… 65

STEP2　表を作成する ………………………………………………… 66
- ●1　表の構成 ……………………………………………………………… 66
- ●2　表の作成 ……………………………………………………………… 66
- ●3　表の移動とサイズ変更 ……………………………………………… 69

STEP3　行列を操作する ……………………………………………… 71
- ●1　行や列の削除 ………………………………………………………… 71
- ●2　行や列の挿入 ………………………………………………………… 72
- ●3　列の幅の変更 ………………………………………………………… 73

STEP4　表に書式を設定する ………………………………………… 74
- ●1　表のスタイルの適用 ………………………………………………… 74
- ●2　表スタイルのオプションの確認 …………………………………… 75
- ●3　文字の配置の変更 …………………………………………………… 76

練習問題 ………………………………………………………………… 78

■第4章　グラフの作成 ………………………………………………… 79

この章で学ぶこと …………………………………………………… 80

STEP1　作成するスライドを確認する………………………………… 81
- ●1　作成するスライドの確認 …………………………………………… 81

STEP2　グラフを作成する …………………………………………… 82
- ●1　グラフ ………………………………………………………………… 82
- ●2　グラフの作成 ………………………………………………………… 82
- ●3　グラフの移動とサイズ変更 ………………………………………… 86
- ●4　グラフの構成要素 …………………………………………………… 87

STEP3　グラフのレイアウトを変更する ……………………………… 89
- ●1　グラフのレイアウトの変更 ………………………………………… 89

STEP4　グラフに書式を設定する …………………………………… 90
- ●1　グラフの色の変更 …………………………………………………… 90
- ●2　グラフタイトルの書式設定 ………………………………………… 91
- ●3　データラベルの書式設定 …………………………………………… 92

STEP5	グラフのもとになるデータを修正する	93
●1	グラフのコピー	93
●2	グラフのもとになるデータの修正	94
練習問題		97

■第5章　図形やSmartArtグラフィックの作成 ……………………… 99

この章で学ぶこと		100
STEP1	作成するスライドを確認する	101
●1	作成するスライドの確認	101
STEP2	図形を作成する	102
●1	図形	102
●2	図形の作成	102
●3	図形への文字の追加	104
●4	図形の移動とサイズ変更	105
STEP3	図形に書式を設定する	107
●1	図形のスタイルの適用	107
●2	図形の書式設定	108
●3	図形のコピー	110
STEP4	SmartArtグラフィックを作成する	112
●1	SmartArtグラフィック	112
●2	SmartArtグラフィックの作成	112
●3	テキストウィンドウの利用	114
●4	図形の追加と削除	115
●5	SmartArtグラフィックの移動とサイズ変更	117
STEP5	SmartArtグラフィックに書式を設定する	119
●1	SmartArtグラフィックのスタイルの適用	119
●2	図形の書式設定	120
STEP6	箇条書きテキストをSmartArtグラフィックに変換する	122
●1	SmartArtグラフィックに変換	122
●2	SmartArtグラフィックのレイアウトの変更	124
練習問題		126

iv

■第6章 画像やワードアートの挿入 ………………………………………… 129

この章で学ぶこと ……………………………………………………………… 130

STEP1 作成するスライドを確認する……………………………………… 131
　●1　作成するスライドの確認………………………………………………… 131

STEP2 画像を挿入する …………………………………………………… 132
　●1　画像………………………………………………………………………… 132
　●2　画像の挿入………………………………………………………………… 132
　●3　画像の移動とサイズ変更………………………………………………… 134
　●4　図のスタイルの適用……………………………………………………… 136
　●5　画像の明るさとコントラストの調整…………………………………… 137

STEP3 アイコンを挿入する……………………………………………… 138
　●1　アイコン…………………………………………………………………… 138
　●2　アイコンの挿入…………………………………………………………… 138
　●3　アイコンの移動とサイズ変更…………………………………………… 140
　●4　アイコンの書式設定……………………………………………………… 141

STEP4 ワードアートを挿入する………………………………………… 142
　●1　ワードアート……………………………………………………………… 142
　●2　ワードアートの挿入……………………………………………………… 142
　●3　文字列の方向の変更……………………………………………………… 144
　●4　ワードアートのサイズ変更……………………………………………… 145
　●5　ワードアートの移動……………………………………………………… 145

練習問題 ……………………………………………………………………… 147

■第7章 特殊効果の設定 ………………………………………………… 149

この章で学ぶこと ……………………………………………………………… 150

STEP1 アニメーションを設定する……………………………………… 151
　●1　アニメーション…………………………………………………………… 151
　●2　アニメーションの設定…………………………………………………… 152
　●3　アニメーションの確認…………………………………………………… 153
　●4　効果のオプションの設定………………………………………………… 154
　●5　アニメーションの再生順序の変更……………………………………… 155
　●6　アニメーションのコピー/貼り付け…………………………………… 156

STEP2　画面切り替えの効果を設定する ………………………… 157
- ●1　画面切り替え ……………………………………………………… 157
- ●2　画面切り替えの設定 ……………………………………………… 157
- ●3　画面切り替えの確認 ……………………………………………… 159
- ●4　効果のオプションの設定 ………………………………………… 160
- ●5　画面の自動切り替え ……………………………………………… 161

練習問題 ……………………………………………………………… 162

■第8章　プレゼンテーションをサポートする機能 ………………………… 163

この章で学ぶこと …………………………………………………… 164

STEP1　プレゼンテーションを印刷する …………………………… 165
- ●1　印刷のレイアウト ………………………………………………… 165
- ●2　ノートペインへの入力 …………………………………………… 166
- ●3　ノートの印刷 ……………………………………………………… 168

STEP2　スライドを効率的に切り替える …………………………… 170
- ●1　スライドの切り替え ……………………………………………… 170
- ●2　目的のスライドへジャンプ ……………………………………… 171

STEP3　ペンや蛍光ペンを使ってスライドを部分的に強調する ………… 173
- ●1　ペンや蛍光ペンの利用 …………………………………………… 173
- ●2　ペンの色の変更 …………………………………………………… 174
- ●3　インク注釈の保持 ………………………………………………… 176

STEP4　発表者ツールを使用する …………………………………… 177
- ●1　発表者ツール ……………………………………………………… 177
- ●2　発表者ツールの使用 ……………………………………………… 177
- ●3　発表者ツールの画面の構成 ……………………………………… 179
- ●4　スライドショーの実行 …………………………………………… 180
- ●5　目的のスライドへジャンプ ……………………………………… 181
- ●6　スライドの拡大表示 ……………………………………………… 182

STEP5　リハーサルを実行する ……………………………………… 184
- ●1　リハーサル ………………………………………………………… 184
- ●2　リハーサルの実行 ………………………………………………… 184
- ●3　スライドのタイミングのクリア ………………………………… 186

vi

STEP6　目的別スライドショーを作成する ……………………………………………… 187
　●1　目的別スライドショー ………………………………………………………… 187
　●2　目的別スライドショーの作成 ………………………………………………… 188
　●3　目的別スライドショーの実行 ………………………………………………… 190
練習問題 ……………………………………………………………………………………… 191

■総合問題 …………………………………………………………………………………… 193

総合問題1 ……………………………………………………………………………………… 194

総合問題2 ……………………………………………………………………………………… 197

総合問題3 ……………………………………………………………………………………… 200

総合問題4 ……………………………………………………………………………………… 203

総合問題5 ……………………………………………………………………………………… 206

■実践問題 …………………………………………………………………………………… 209

実践問題をはじめる前に …………………………………………………………………… 210

実践問題1 ……………………………………………………………………………………… 211

実践問題2 ……………………………………………………………………………………… 212

■索引 ………………………………………………………………………………………… 213

■ショートカットキー一覧

練習問題・総合問題・実践問題の標準解答は、FOM出版のホームページで提供しています。P.5「5　学習ファイルと標準解答のご提供について」を参照してください。

本書をご利用いただく前に

本書で学習を進める前に、ご一読ください。

1 本書の記述について

操作の説明のために使用している記号には、次のような意味があります。

記述	意味	例
☐	キーボード上のキーを示します。	[Ctrl] [Enter]
☐+☐	複数のキーを押す操作を示します。	[Ctrl]+[O] （[Ctrl]を押しながら[O]を押す）
《　》	ボタン名やダイアログボックス名、タブ名、項目名など画面の表示を示します。	《コピー》をクリックします。 《セルの書式設定》ダイアログボックスが表示されます。 《挿入》タブを選択します。
「　」	重要な語句や機能名、画面の表示、入力する文字などを示します。	「スライド」といいます。 「東京都」と入力します。

 学習の前に開くファイル

 知っておくべき重要な内容

STEP UP　知っていると便利な内容

※　補足的な内容や注意すべき内容

 学習した内容の確認問題

Answer　確認問題の答え

HINT　問題を解くためのヒント

2 製品名の記載について

本書では、次の名称を使用しています。

正式名称	本書で使用している名称
Windows 11	Windows 11 または Windows
Microsoft PowerPoint 2024	PowerPoint 2024 または PowerPoint

3 学習環境について

本書を学習するには、次のソフトが必要です。
また、インターネットに接続できる環境で学習することを前提にしています。

> PowerPoint 2024　または　Microsoft 365のPowerPoint

◆本書の開発環境

本書を開発した環境は、次のとおりです。

OS	Windows 11 Pro（バージョン24H2　ビルド26100.2894）
アプリ	Microsoft Office Home and Business 2024 PowerPoint 2024（バージョン2411　ビルド16.0.18227.20082）
ディスプレイの解像度	1280×768ピクセル
その他	・WindowsにMicrosoftアカウントでサインインし、インターネットに接続した状態 ・OneDriveと同期していない状態

※本書は、2025年1月時点のPowerPoint 2024またはMicrosoft 365のPowerPointに基づいて解説しています。
　今後のアップデートによって機能が更新された場合には、本書の記載のとおりに操作できなくなる可能性があります。

POINT　OneDriveの設定

WindowsにMicrosoftアカウントでサインインすると、同期が開始され、パソコンに保存したファイルがOneDriveに自動的に保存されます。初期の設定では、デスクトップ、ドキュメント、ピクチャの3つのフォルダーがOneDriveと同期するように設定されています。
本書はOneDriveと同期していない状態で操作しています。
OneDriveと同期している場合は、一時的に同期を停止すると、本書の記載と同じ手順で学習できます。
OneDriveとの同期を一時停止および再開する方法は、次のとおりです。

一時停止

◆通知領域の《OneDrive》→《ヘルプと設定》→《同期の一時停止》→停止する時間を選択
※時間が経過すると自動的に同期が開始されます。

再開

◆通知領域の《OneDrive》→《ヘルプと設定》→《同期の再開》

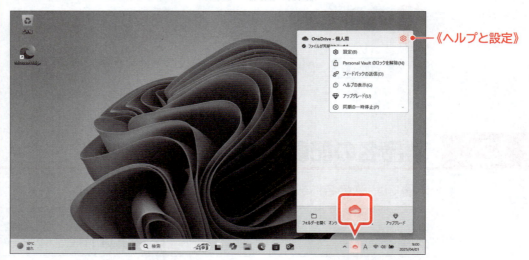

《ヘルプと設定》

4　学習時の注意事項について

お使いの環境によっては、次のような内容について本書の記載と異なる場合があります。
ご確認のうえ、学習を進めてください。

◆画面図のボタンの形状

本書に掲載している画面図は、ディスプレイの解像度を「1280×768ピクセル」、ウィンドウを最大化した環境を基準にしています。
ディスプレイの解像度やウィンドウのサイズなど、お使いの環境によっては、画面図のボタンの形状やサイズ、位置が異なる場合があります。
ボタンの操作は、ポップヒントに表示されるボタン名を参考に操作してください。

ディスプレイの解像度が高い場合／ウィンドウのサイズが大きい場合

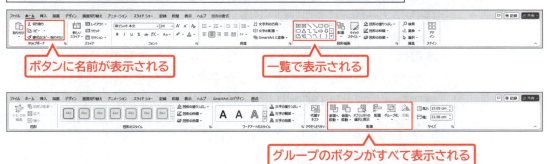

ディスプレイの解像度が低い場合／ウィンドウのサイズが小さい場合

本書をご利用いただく前に

◆《ファイル》タブの《その他》コマンド

《ファイル》タブのコマンドは、画面の左側に一覧で表示されます。お使いの環境によっては、下側のコマンドが《その他》にまとめられている場合があります。目的のコマンドが表示されていない場合は、《その他》をクリックしてコマンドを表示してください。

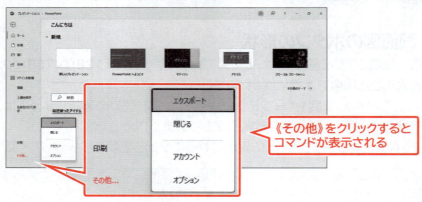

《その他》をクリックするとコマンドが表示される

> **POINT　ディスプレイの解像度の設定**
>
> ディスプレイの解像度を本書と同様に設定する方法は、次のとおりです。
> ◆デスクトップの空き領域を右クリック→《ディスプレイ設定》→《ディスプレイの解像度》の▼→《1280×768》
> ※メッセージが表示される場合は、《変更の維持》をクリックします。

◆Officeの種類に伴う注意事項

Microsoftが提供するOfficeには「ボリュームライセンス（LTSC）版」「プレインストール版」「POSAカード版」「ダウンロード版」「Microsoft 365」などがあり、画面やコマンドが異なることがあります。

本書はダウンロード版をもとに開発しています。ほかの種類のOfficeで操作する場合は、ポップヒントに表示されるボタン名を参考に操作してください。

●Office 2024のLTSC版で《ホーム》タブを選択した状態（2025年1月時点）

◆アップデートに伴う注意事項

WindowsやOfficeは、アップデートによって不具合が修正され、機能が向上する仕様となっているため、アップデート後に、コマンドやスタイル、色などの名称が変更される場合があります。本書に記載されているコマンドやスタイルなどの名称が表示されない場合は、掲載している画面図の色が付いている位置を参考に操作してください。

※本書の最新情報については、P.8に記載されているFOM出版のホームページにアクセスして確認してください。

> **POINT　お使いの環境のバージョン・ビルド番号を確認する**
>
> WindowsやOfficeはアップデートにより、バージョンやビルド番号が変わります。
> お使いの環境のバージョン・ビルド番号を確認する方法は、次のとおりです。
>
> Windows 11
> ◆《スタート》→《設定》→《システム》→《バージョン情報》
>
> Office 2024
> ◆《ファイル》タブ→《アカウント》→《(アプリ名)のバージョン情報》
> ※お使いの環境によっては、《アカウント》が表示されていない場合があります。その場合は、《その他》→《アカウント》を選択します。

5 学習ファイルと標準解答のご提供について

本書で使用する学習ファイルと標準解答のPDFファイルは、FOM出版のホームページで提供しています。

ホームページアドレス

> https://www.fom.fujitsu.com/goods/

※アドレスを入力するとき、間違いがないか確認してください。

ホームページ検索用キーワード

> FOM出版

1 学習ファイル

学習ファイルはダウンロードしてご利用ください。

◆ダウンロード

学習ファイルをダウンロードする方法は、次のとおりです。

① ブラウザーを起動し、FOM出版のホームページを表示します。
※アドレスを直接入力するか、キーワードでホームページを検索します。
② 《ダウンロード》をクリックします。
③ 《アプリケーション》の《PowerPoint》をクリックします。
④ 《PowerPoint 2024基礎 Office 2024/Microsoft 365対応　FPT2418》をクリックします。
⑤ 《学習ファイル》の《学習ファイルのダウンロード》をクリックします。
⑥ 本書に関する質問に回答します。
⑦ 学習ファイルの利用に関する説明を確認し、《OK》をクリックします。
⑧ 《学習ファイル》の「fpt2418.zip」をクリックします。
⑨ ダウンロードが完了したら、ブラウザーを終了します。
※ダウンロードしたファイルは、《ダウンロード》に保存されます。

◆ダウンロードしたファイルの解凍

ダウンロードしたファイルは圧縮されているので、解凍(展開)します。ダウンロードしたファイル「fpt2418.zip」を《ドキュメント》に解凍する方法は、次のとおりです。

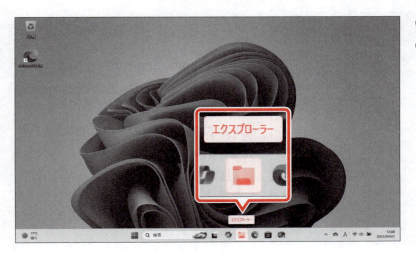

① デスクトップ画面を表示します。
② タスクバーの《エクスプローラー》をクリックします。

③《ダウンロード》をクリックします。
④ファイル「fpt2418」を右クリックします。
⑤《すべて展開》をクリックします。

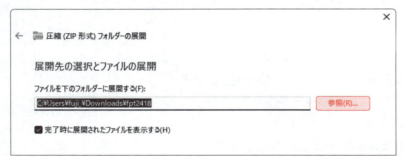

⑥《参照》をクリックします。

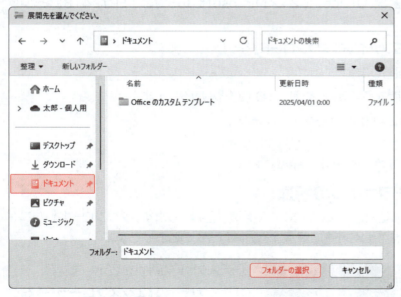

⑦左側の一覧から《ドキュメント》を選択します。
※《ドキュメント》が表示されていない場合は、スクロールして調整します。
⑧《フォルダーの選択》をクリックします。

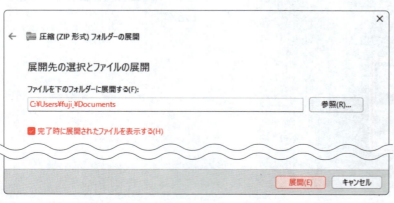

⑨《ファイルを下のフォルダーに展開する》が「C:¥Users¥(ユーザー名)¥Documents」に変更されます。
⑩《完了時に展開されたファイルを表示する》を☑にします。
⑪《展開》をクリックします。

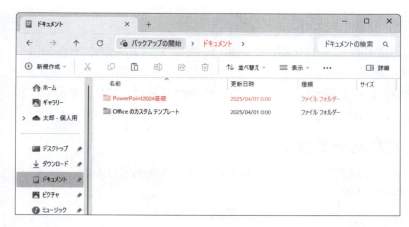

⑫ファイルが解凍され、《ドキュメント》が開かれます。
⑬フォルダー「**PowerPoint2024基礎**」が表示されていることを確認します。
※すべてのウィンドウを閉じておきましょう。

◆学習ファイルの一覧

フォルダー「**PowerPoint2024基礎**」には、学習ファイルが入っています。タスクバーの《**エクスプローラー**》→《**ドキュメント**》をクリックし、一覧からフォルダーを開いて確認してください。
※ご利用の前に、フォルダー内の「ご利用の前にお読みください.pdf」をご確認ください。

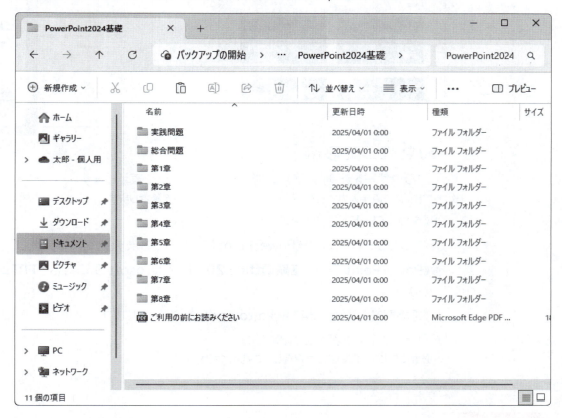

◆学習ファイルの場所

本書では、学習ファイルの場所を《**ドキュメント**》内のフォルダー「**PowerPoint2024基礎**」としています。《**ドキュメント**》以外の場所に解凍した場合は、フォルダーを読み替えてください。

◆学習ファイル利用時の注意事項

ダウンロードした学習ファイルを開く際、そのファイルが安全かどうかを確認するメッセージが表示される場合があります。学習ファイルは安全なので、《**編集を有効にする**》をクリックして、編集可能な状態にしてください。

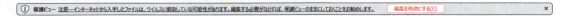

2 練習問題・総合問題・実践問題の標準解答

練習問題・総合問題・実践問題の標準的な解答を記載したPDFファイルをFOM出版のホームページで提供しています。標準解答は、スマートフォンやタブレットで表示したり、パソコンでPowerPointのウィンドウを並べて表示したりすると、操作手順を確認しながら学習できます。自分にあったスタイルでご利用ください。

◆スマートフォン・タブレットで表示

①スマートフォン・タブレットで、各問題のページにあるQRコードを読み取ります。

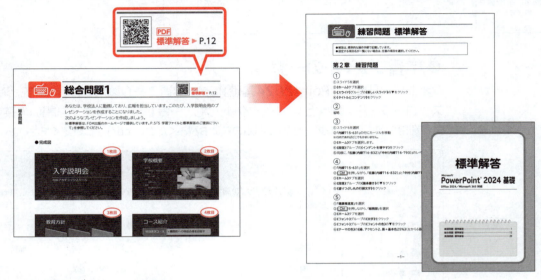

◆パソコンで表示

①ブラウザーを起動し、FOM出版のホームページを表示します。
※アドレスを直接入力するか、キーワードでホームページを検索します。

②《ダウンロード》をクリックします。

③《アプリケーション》の《PowerPoint》をクリックします。

④《PowerPoint 2024基礎 Office 2024／Microsoft 365対応　FPT2418》をクリックします。

⑤《標準解答》の「fpt2418_kaitou.pdf」をクリックします。

⑥PDFファイルが表示されます。
※必要に応じて、印刷または保存してご利用ください。

6 本書の最新情報について

本書に関する最新のQ＆A情報や訂正情報、重要なお知らせなどについては、FOM出版のホームページでご確認ください。

ホームページアドレス

> https://www.fom.fujitsu.com/goods/

※アドレスを入力するとき、間違いがないか確認してください。

ホームページ検索用キーワード

> FOM出版

第1章

PowerPointの基礎知識

この章で学ぶこと ·· 10

STEP 1 PowerPointの概要 ·· 11

STEP 2 PowerPointを起動する ································ 15

STEP 3 プレゼンテーションを開く ····························· 17

STEP 4 PowerPointの画面構成 ······························· 20

STEP 5 プレゼンテーションを閉じる ························· 25

STEP 6 PowerPointを終了する ······························· 26

この章で学ぶこと

学習前に習得すべきポイントを理解しておき、
学習後には確実に習得できたかどうかを振り返りましょう。

■ PowerPointで何ができるかを説明できる。　　→ P.11

■ PowerPointを起動できる。　　→ P.15

■ PowerPointのスタート画面の使い方を説明できる。　　→ P.16

■ 既存のプレゼンテーションを開くことができる。　　→ P.17

■ プレゼンテーションとスライドの違いを説明できる。　　→ P.19

■ PowerPointの画面の各部の名称や役割を説明できる。　　→ P.20

■ 表示モードの違いを理解し、使い分けることができる。　　→ P.21

■ 複数のスライドで構成されているプレゼンテーションから目的のスライドを表示できる。　　→ P.24

■ プレゼンテーションを閉じることができる。　　→ P.25

■ PowerPointを終了できる。　　→ P.26

STEP 1 PowerPointの概要

1 PowerPointの概要

企画や商品の説明、研究や調査の発表など、ビジネスの様々な場面でプレゼンテーションは行われています。プレゼンテーションの内容を聞き手にわかりやすく伝えるためには、口頭で説明するだけでなく、スライドを見てもらいながら説明するのが一般的です。
「**PowerPoint**」は、訴求力のあるスライドを簡単に作成し、効果的なプレゼンテーションを行うためのアプリです。
PowerPointには、主に次のような機能があります。

1 効果的なスライドの作成

「**プレースホルダー**」と呼ばれる領域に文字を入力するだけで、タイトルや箇条書きが配置されたスライドを作成できます。

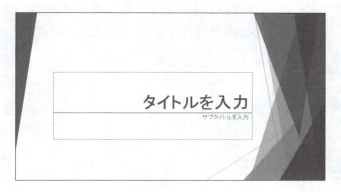

2 表やグラフの作成

スライドに「**表**」を作成して、データを読み取りやすくすることができます。
また、スライドに「**グラフ**」を作成して、数値を視覚的に表現することもできます。

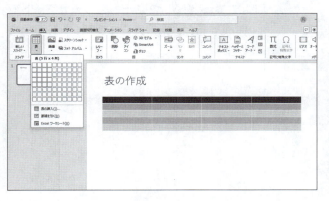
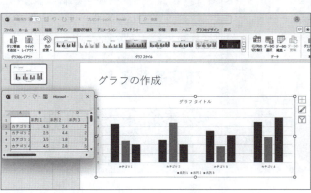

3 図解の作成

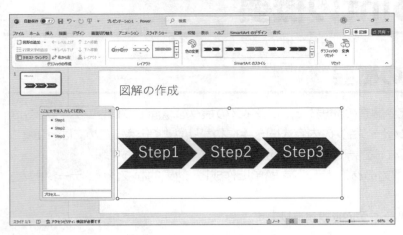

「SmartArtグラフィック」の機能を使って、スライドに簡単に図解を配置できます。
また、様々な図形を組み合わせて、ユーザーが独自に図解を作成することもできます。図解を使うと、文字だけの箇条書きで表現するより、聞き手に直感的に理解してもらうことができます。

4 画像・動画・音声の挿入

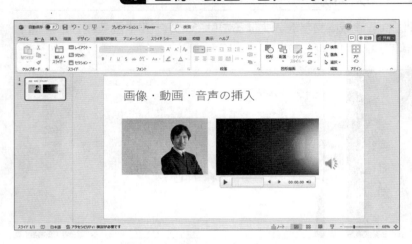

スライドには、画像、動画、音声を挿入できます。
画像は自分で撮影した写真だけでなく、ストック画像やアイコンなども挿入できます。

5 装飾文字の作成

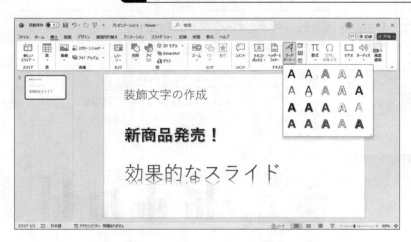

「ワードアート」の機能を使って、スライドに装飾された文字を配置できます。強調したいタイトルや見出しをワードアートで作成すると、見る人にインパクトを与えられます。

6 洗練されたデザインの利用

「**テーマ**」の機能を使って、すべてのスライドに一貫性のある洗練されたデザインを適用できます。また、「**スタイル**」の機能を使って、表・グラフ・SmartArtグラフィック・図形などの各要素に洗練されたデザインを瞬時に適用できます。

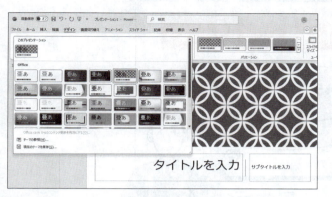
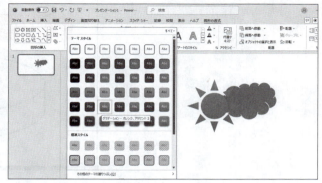

7 特殊効果の設定

「**アニメーション**」や「**画面切り替え**」を使って、スライドに動きを加えることができます。見る人を引きつける効果的なプレゼンテーションを作成できます。

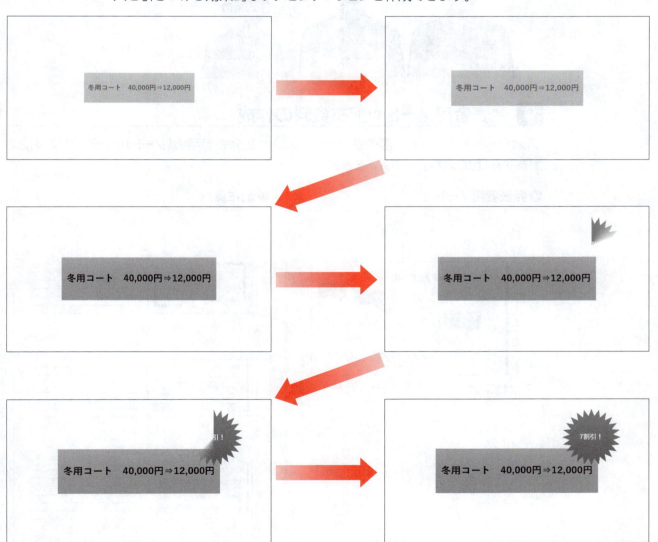

8 プレゼンテーションの実施

「スライドショー」の機能を使って、プレゼンテーションを行うことができます。プロジェクターや外部ディスプレイ、パソコンの画面などに表示して、指し示しながら説明できます。

9 発表者用ノートや配布資料の作成

プレゼンテーションを行う際の補足説明を記入した発表者用の**「ノート」**や、聞き手に事前に配布する**「配布資料」**を印刷できます。

●発表者用ノート

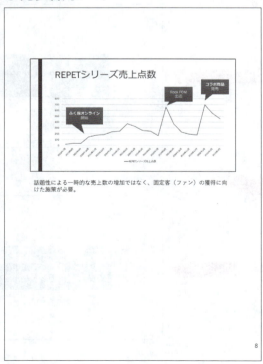

●配布資料

STEP 2 PowerPointを起動する

1 PowerPointの起動

PowerPointを起動しましょう。

①《スタート》をクリックします。

スタートメニューが表示されます。
②《ピン留め済み》の《PowerPoint》をクリックします。
※《ピン留め済み》に《PowerPoint》が登録されていない場合は、《すべて》→《P》の《PowerPoint》をクリックします。

PowerPointが起動し、PowerPointのスタート画面が表示されます。
③タスクバーにPowerPointのアイコンが表示されていることを確認します。
※ウィンドウを最大化しておきましょう。

2 PowerPointのスタート画面

PowerPointが起動すると、「**スタート画面**」が表示されます。
スタート画面ではこれから行う作業を選択します。スタート画面を確認しましょう。
※お使いの環境によっては、表示が異なる場合があります。

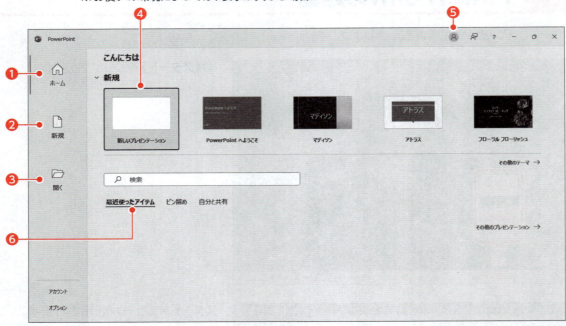

❶ホーム
PowerPointを起動したときに表示されます。
新しいプレゼンテーションを作成したり、最近開いたプレゼンテーションを簡単に開いたりできます。

❷新規
新しいプレゼンテーションを作成します。

❸開く
すでに保存済みのプレゼンテーションを開く場合に使います。

❹新しいプレゼンテーション
新しいプレゼンテーションを作成します。
デザインされていない白紙のスライドが表示されます。

❺Microsoftアカウントのユーザー情報
Microsoftアカウントでサインインしている場合、ポイントするとアカウント名やメールアドレスなどが表示されます。

❻最近使ったアイテム
最近開いたプレゼンテーションがある場合、その一覧が表示されます。
一覧から選択すると、プレゼンテーションが開かれます。

> **POINT　サインイン・サインアウト**
>
> 「サインイン」とは、正規のユーザーであることを証明し、サービスを利用できる状態にする操作です。
> 「サインアウト」とは、サービスの利用を終了する操作です。

> **POINT　ウィンドウの操作ボタン**
>
> PowerPointウィンドウの右上のボタンを使うと、次のような操作ができます。
>
>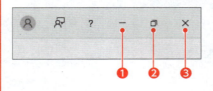
>
> **❶最小化**
> ウィンドウが一時的に非表示になり、タスクバーにアイコンで表示されます。
> **❷元のサイズに戻す**
> ウィンドウが元のサイズに戻ります。
> ※ウィンドウを元のサイズに戻すと、ボタンが《最大化》に切り替わります。クリックすると、ウィンドウが最大化されます。
> **❸閉じる**
> PowerPointを終了します。

STEP 3 プレゼンテーションを開く

1 プレゼンテーションを開く

すでに保存済みのプレゼンテーションをPowerPointのウィンドウに表示することを「**プレゼンテーションを開く**」といいます。
スタート画面からプレゼンテーション「**PowerPointの基礎知識**」を開きましょう。
※P.5「5 学習ファイルと標準解答のご提供について」を参考に、使用するファイルをダウンロードしておきましょう。

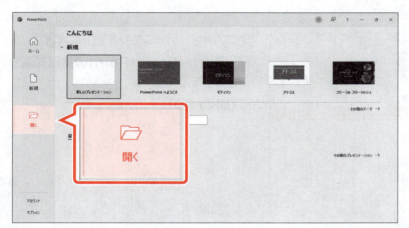

①スタート画面が表示されていることを確認します。
②《開く》をクリックします。

プレゼンテーションが保存されている場所を選択します。
③《参照》をクリックします。

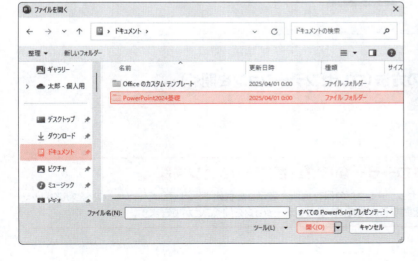

《ファイルを開く》ダイアログボックスが表示されます。
④左側の一覧から《ドキュメント》を選択します。
⑤一覧から「PowerPoint2024基礎」を選択します。
⑥《開く》をクリックします。

17

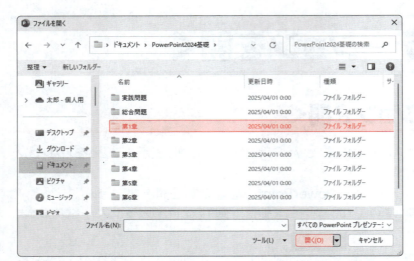

⑦ 一覧から**「第1章」**を選択します。
⑧《開く》をクリックします。

開くプレゼンテーションを選択します。
⑨ 一覧から**「PowerPointの基礎知識」**を選択します。
⑩《開く》をクリックします。

プレゼンテーションが開かれます。
⑪ タイトルバーにプレゼンテーションの名前が表示されていることを確認します。

※画面左上の自動保存がオンになっている場合は、オフにしておきましょう。自動保存については、P.21「POINT 自動保存」を参照してください。

STEP UP その他の方法（プレゼンテーションを開く）

◆《ファイル》タブ→《開く》
◆ Ctrl + O

POINT エクスプローラーからプレゼンテーションを開く

エクスプローラーからプレゼンテーションの保存場所を表示した状態で、プレゼンテーションをダブルクリックすると、PowerPointを起動すると同時にプレゼンテーションを開くことができます。

2 プレゼンテーションとスライド

PowerPointでは発表で使うデータをまとめて1つのファイルで管理します。このファイルを**「プレゼンテーション」**といい、1枚1枚の資料を**「スライド」**といいます。

まとめて「プレゼンテーション」という

STEP 4 PowerPointの画面構成

1 PowerPointの画面構成

PowerPointの画面構成を確認しましょう。
※お使いの環境によっては、表示が異なる場合があります。

❶タイトルバー
ファイル名やアプリ名、保存状態などが表示されます。

❷自動保存
自動保存のオンとオフを切り替えます。
※お使いの環境によっては、表示されない場合があります。

❸クイックアクセスツールバー
よく使うコマンド（作業を進めるための指示）を登録できます。初期の設定では、《**上書き保存**》、《**元に戻す**》、《**やり直し**》、《**先頭から開始**》の4つのコマンドが登録されています。
※OneDriveと同期しているフォルダー内のプレゼンテーションを表示している場合、《**上書き保存**》は、《**保存**》と表示されます。

❹Microsoft Search
機能や用語の意味を調べたり、リボンから探し出せないコマンドをダイレクトに実行したりするときに使います。

❺Microsoftアカウントのユーザー情報
Microsoftアカウントでサインインしている場合、ポイントするとアカウント名やメールアドレスなどが表示されます。

❻リボン
コマンドを実行するときに使います。関連する機能ごとに、タブに分類されています。
※お使いの環境によっては、表示が異なる場合があります。

❼リボンを折りたたむ
リボンの表示を変更するときに使います。クリックすると、リボンが折りたたまれます。再度表示する場合は、《**ファイル**》タブ以外の任意のタブをダブルクリックします。

❽スクロールバー
プレゼンテーションの表示領域を移動するときに使います。

❾ステータスバー
スライド番号や選択されている言語などが表示されます。

❿ノート
ノートペイン（スライドに補足説明を書き込む領域）の表示・非表示を切り替えます。

⓫**表示選択ショートカット**
画面の表示モードを切り替えるときに使います。

⓬**ズーム**
スライドの表示倍率を変更するときに使います。

⓭**現在のウィンドウの大きさに合わせてスライドを拡大または縮小します。**
ウィンドウのサイズに合わせて、スライドの表示倍率を自動的に調整します。

> **POINT 自動保存**
> 自動保存をオンにすると、一定の時間ごとにファイルが自動的に上書き保存されます。自動保存を使用するには、ファイルをOneDriveと同期されているフォルダーに保存しておく必要があります。
> 自動保存によって、元のファイルを上書きされたくない場合は、自動保存をオフにします。

2 PowerPointの表示モード

PowerPointには、次のような表示モードが用意されています。
表示モードを切り替えるには、表示選択ショートカットのボタンをそれぞれクリックします。

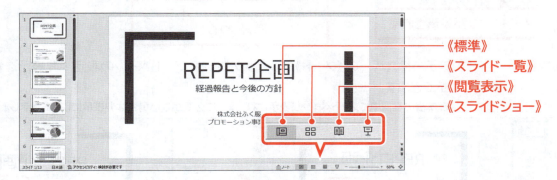

1 標準表示

「ペイン」と呼ばれる複数の領域で構成されており、スライドに文字を入力したりレイアウトを変更したりする場合に使います。通常、この表示モードでプレゼンテーションを作成します。

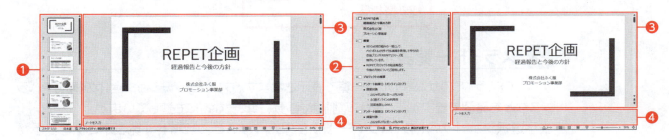

❶**サムネイルペイン**
スライドのサムネイル（縮小版）が表示されます。スライドの選択や移動、コピーなどを行う場合に使います。

❷**アウトラインペイン**
すべてのスライドのタイトルと箇条書きが表示されます。プレゼンテーションの構成を考えながら文字を編集したり、内容を確認したりする場合に使います。

❸**スライドペイン**
作業中のスライドが1枚ずつ表示されます。スライドのレイアウトを変更したり、図形やグラフなどを作成したりする場合に使います。

❹**ノートペイン**
作業中のスライドに補足説明を書き込む場合に使います。

表示選択ショートカットの《標準》をクリックすると、画面が次のように切り替わります。

プレゼンテーション「PowerPointの基礎知識」を開いた状態

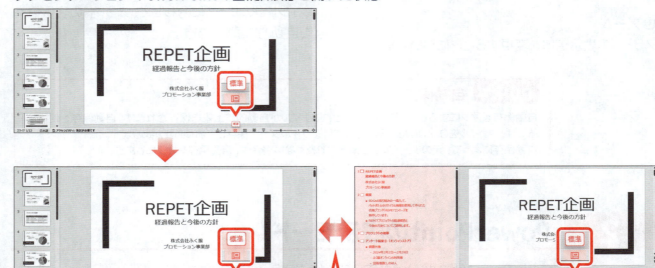

ノートペインが表示される

サムネイルペインとアウトラインペインが切り替わる

ステータスバーの《ノート》をクリックすると、ノートペインの表示・非表示を切り替えることができます。

※本書の学習中にノートペインが表示され、操作に必要がない場合は非表示にしておきましょう。

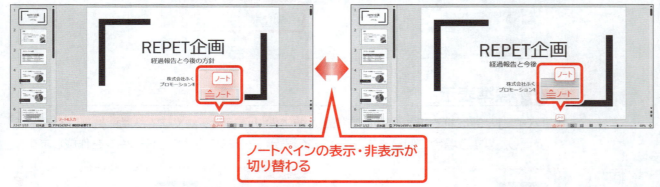

ノートペインの表示・非表示が切り替わる

2 スライド一覧表示

すべてのスライドのサムネイルが一覧で表示されます。プレゼンテーション全体の構成やバランスなどを確認できます。スライドの削除や移動、コピーなどにも適しています。
表示選択ショートカットの《スライド一覧》をクリックすると、スライド一覧表示と標準表示が交互に切り替わります。

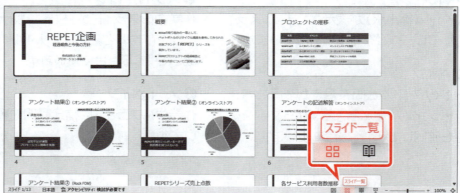

3 閲覧表示

表示選択ショートカットの《**閲覧表示**》をクリックすると、スライドが1枚ずつ画面に大きく表示されます。ステータスバーやタスクバーも表示されるので、ボタンを使ってスライドを切り替えたり、ウィンドウを操作したりすることもできます。設定しているアニメーションや画面切り替えなどを確認できます。
主に、パソコンの画面上でプレゼンテーションを行う場合に使います。

4 スライドショー

表示選択ショートカットの《**スライドショー**》をクリックすると、スライド1枚だけが画面全体に表示され、ステータスバーやタスクバーは表示されません。設定しているアニメーションや画面切り替えなどを確認できます。
主に、外部ディスプレイやプロジェクターなどにスライドを投影して、聴講形式のプレゼンテーションを行う場合に使います。

※スライドショーから元の表示モードに戻すには、[Esc]を押します。

STEP UP ノート表示

《表示》タブの《ノート表示》をクリックすると、スライドの下に補足説明などを入力できる「ノート表示」に切り替えることができます。

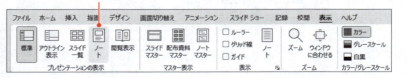

3 スライドの切り替え

スライドペインに表示するスライドを切り替えるには、サムネイルペインから目的のスライドを選択します。スライド4に切り替えましょう。

①サムネイルペインの一覧からスライド4をクリックします。

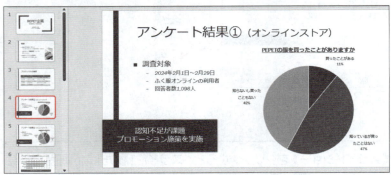

スライド4が選択され、スライドペインにスライドの内容が表示されます。

STEP UP サムネイルペインのスクロール

サムネイルペインに目的のスライドが表示されていない場合は、スクロールバーを使って画面に表示されている範囲を移動し、目的のスライドを表示します。

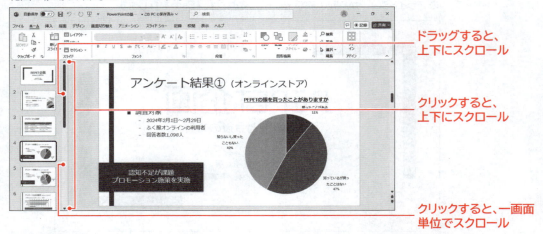

ドラッグすると、上下にスクロール

クリックすると、上下にスクロール

クリックすると、一画面単位でスクロール

STEP UP アクセシビリティチェック

ステータスバーに「アクセシビリティチェック」の結果が表示されます。「アクセシビリティ」とは、すべての人が不自由なく情報を手に入れられるかどうか、使いこなせるかどうかを表す言葉です。視覚に障がいのある方などにとって、判別しにくい情報が含まれていないかをチェックします。ステータスバーのアクセシビリティチェックの結果をクリックすると、詳細を確認できます。

ステータスバーの表示内容を設定する方法は、次のとおりです。

◆ステータスバーを右クリック→表示する項目を☑にする

STEP 5 プレゼンテーションを閉じる

1 プレゼンテーションを閉じる

開いているプレゼンテーションの作業を終了することを「**プレゼンテーションを閉じる**」といいます。

プレゼンテーション「**PowerPointの基礎知識**」を閉じましょう。

①《**ファイル**》タブを選択します。

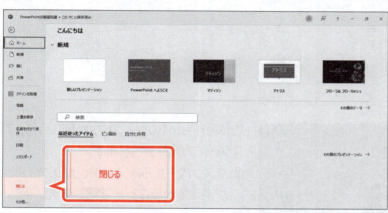

②《**閉じる**》をクリックします。
※お使いの環境によっては、《閉じる》が表示されていない場合があります。その場合は、《その他》→《閉じる》をクリックします。

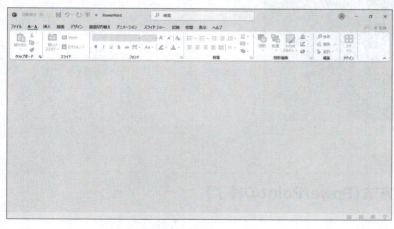

プレゼンテーションが閉じられます。

STEP UP その他の方法（プレゼンテーションを閉じる）

◆ Ctrl + W

STEP UP 保存しないでプレゼンテーションを閉じた場合

既存のプレゼンテーションの内容を変更して保存の操作を行わずに閉じると、保存するかどうかを確認するメッセージが表示されます。

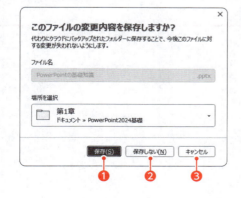

❶ **保存**
プレゼンテーションを保存し、閉じます。
※お使いの環境によっては、《上書き保存》と表示される場合があります。

❷ **保存しない**
プレゼンテーションを保存せずに、閉じます。

❸ **キャンセル**
プレゼンテーションを閉じる操作を取り消します。

STEP 6 PowerPointを終了する

1 PowerPointの終了

PowerPointを終了しましょう。

①《閉じる》をクリックします。

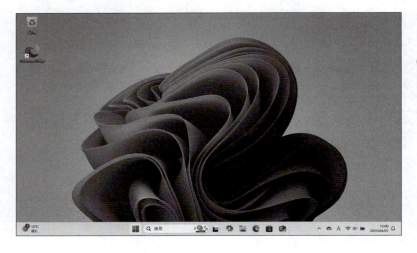

PowerPointのウィンドウが閉じられ、デスクトップが表示されます。
②タスクバーからPowerPointのアイコンが消えていることを確認します。

STEP UP その他の方法（PowerPointの終了）

◆ [Alt] + [F4]

POINT プレゼンテーションとPowerPointを同時に閉じる

プレゼンテーションを開いている状態で《閉じる》をクリックすると、プレゼンテーションとPowerPointのウィンドウを同時に閉じることができます。

第 2 章

基本的な
プレゼンテーションの作成

この章で学ぶこと	………………………	28
STEP 1 作成するプレゼンテーションを確認する	………………	29
STEP 2 新しいプレゼンテーションを作成する	………………	30
STEP 3 プレースホルダーを操作する	…………………	33
STEP 4 新しいスライドを挿入する	…………………	38
STEP 5 箇条書きテキストを入力する	…………………	39
STEP 6 文字や段落に書式を設定する	…………………	44
STEP 7 プレゼンテーションの構成を変更する	………………	51
STEP 8 スライドショーを実行する	…………………	56
STEP 9 プレゼンテーションを保存する	…………………	58
練習問題	………………………	61

この章で学ぶこと

学習前に習得すべきポイントを理解しておき、
学習後には確実に習得できたかどうかを振り返りましょう。

- ■ 新しいプレゼンテーションを作成できる。 → P.30 ☑☑☑
- ■ プレゼンテーションにテーマを適用できる。 → P.31 ☑☑☑
- ■ スライドにタイトル・サブタイトル・箇条書きテキストを入力できる。 → P.33,39 ☑☑☑
- ■ プレースホルダーのサイズを変更したり、移動したりできる。 → P.36,37 ☑☑☑
- ■ プレゼンテーションに新しいスライドを挿入できる。 → P.38 ☑☑☑
- ■ 箇条書きテキストのレベルを変更できる。 → P.40 ☑☑☑
- ■ プレースホルダー内の文字をコピーしたり、移動したりできる。 → P.41 ☑☑☑
- ■ プレースホルダー内の文字にフォント・フォントサイズ・フォントの色を設定できる。 → P.44 ☑☑☑
- ■ プレースホルダー内の文字を全体的に拡大したり、縮小したりできる。 → P.46 ☑☑☑
- ■ 箇条書きテキストの行頭文字を変更できる。 → P.48 ☑☑☑
- ■ 箇条書きテキストの行間を設定できる。 → P.50 ☑☑☑
- ■ プレゼンテーション内でスライドを複製できる。 → P.51 ☑☑☑
- ■ プレゼンテーション内でスライドの順番を入れ替えることができる。 → P.52 ☑☑☑
- ■ スライドショーを実行できる。 → P.56 ☑☑☑
- ■ プレゼンテーションに名前を付けて保存できる。 → P.58 ☑☑☑

STEP 1 作成するプレゼンテーションを確認する

1 作成するプレゼンテーションの確認

次のようなプレゼンテーションを作成しましょう。

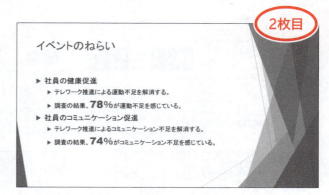

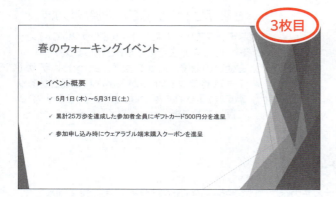

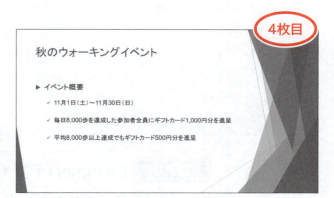

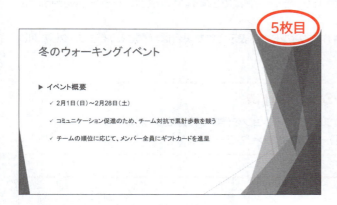

STEP 2 新しいプレゼンテーションを作成する

1 新しいプレゼンテーションの作成

PowerPointを起動し、新しいプレゼンテーションを作成しましょう。

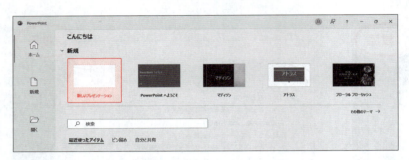

①PowerPointを起動し、PowerPointのスタート画面を表示します。
※《スタート》→《ピン留め済み》の《PowerPoint》をクリックします。

②《新しいプレゼンテーション》をクリックします。

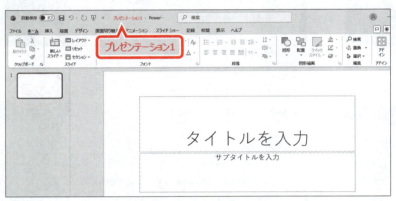

新しいプレゼンテーションが開かれ、1枚目のスライドが表示されます。

③タイトルバーに「プレゼンテーション1」と表示されていることを確認します。
※ステータスバーの《ノート》をクリックして、《ノートペイン》を非表示にしておきましょう。
※お使いの環境によっては、《Designer（デザイナー）》作業ウィンドウが表示される場合があります。表示された場合は、《閉じる》をクリックして閉じておきましょう。

STEP UP Designer（デザイナー）

「Designer（デザイナー）」とは、スライドに挿入された内容に応じて、PowerPointがデザインを提案する機能です。提案されたデザインから選択するだけで、洗練されたスライドを作成できます。Microsoft 365のPowerPointを使うと利用できます。
※本書の学習中に《Designer（デザイナー）》作業ウィンドウが表示された場合は、《閉じる》をクリックして閉じておきましょう。

POINT 新しいプレゼンテーションの作成

プレゼンテーションを開いた状態で、新しいプレゼンテーションを作成する方法は、次のとおりです。
◆《ファイル》タブ→《ホーム》または《新規》→《新しいプレゼンテーション》

POINT スライドのサイズ

スライドのサイズには「16：9」のワイドサイズと「4：3」の標準サイズがあります。初期の設定では、「ワイド画面（16：9）」のスライドが作成されます。どちらのサイズのスライドにするかは、実際にプレゼンテーションで利用するモニターの比率に合わせて選択します。ワイドモニターのパソコンを使用する場合はワイドサイズ、ワイドモニター以外のパソコンやタブレットを使用する場合は標準サイズを選択するとよいでしょう。
また、チラシやポスターなどを作成する場合は、《ユーザー設定のスライドのサイズ》を使うと、用紙に合わせてスライドのサイズを設定できます。
スライドのサイズは、あとから変更することもできますが、図形のサイズや位置などを調整する必要があるので、スライドの作成前に選択しておくとよいでしょう。
スライドのサイズを設定する方法は、次のとおりです。
◆《デザイン》タブ→《ユーザー設定》グループの《スライドのサイズ》

2 テーマの適用

「テーマ」とは、配色・フォント・効果などのデザインを組み合わせたものです。テーマを適用すると、プレゼンテーション全体のデザインを一括して変更できます。スライドごとに書式を設定する手間を省くことができ、統一感のある洗練されたプレゼンテーションを簡単に作成できます。

1 テーマの適用

プレゼンテーションにテーマ**「ファセット」**を適用しましょう。

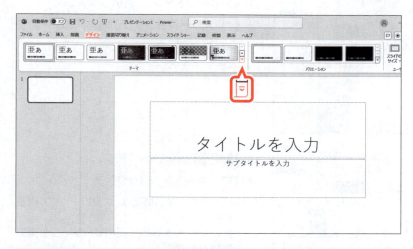

①《デザイン》タブを選択します。
②《テーマ》グループの をクリックします。

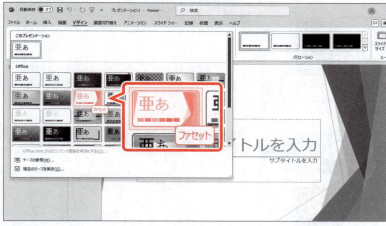

③《Office》の《ファセット》をクリックします。
※一覧をポイントすると、設定後のイメージを画面で確認できます。

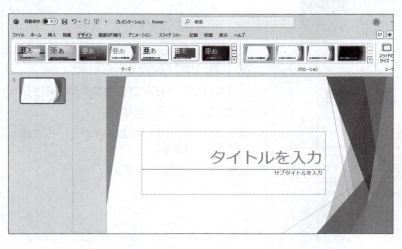

プレゼンテーションにテーマが適用されます。

> **POINT リアルタイムプレビュー**
> 「リアルタイムプレビュー」とは、一覧の選択肢をポイントすると、設定後のイメージを確認できる機能です。設定前に結果を確認できるため、繰り返し設定しなおす手間を省くことができます。

2 バリエーションによるアレンジ

それぞれのテーマには、いくつかのバリエーションが用意されており、デザインを簡単にアレンジできます。また、**「配色」「フォント」「効果」「背景のスタイル」**をそれぞれ設定して、オリジナルのデザインにアレンジすることも可能です。
次のように、プレゼンテーションに適用したテーマの配色とフォントを変更しましょう。

> 配色　　：マーキー
> フォント：Arial　MSPゴシック　MSPゴシック

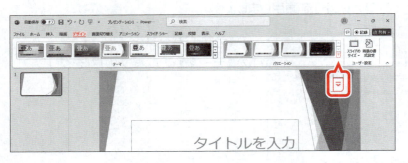

①《デザイン》タブを選択します。
②《バリエーション》グループの▽をクリックします。

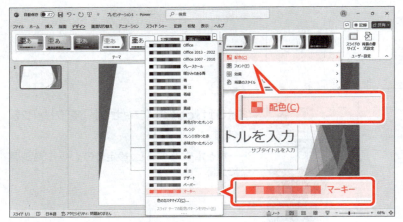

③《配色》をポイントします。
④《マーキー》をクリックします。
※表示されていない場合は、スクロールして調整します。
※一覧をポイントすると、設定後のイメージを画面で確認できます。
配色が変更されます。

⑤《バリエーション》グループの▽をクリックします。

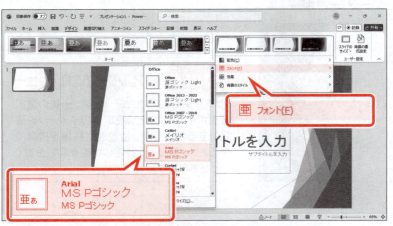

⑥《フォント》をポイントします。
⑦《Arial　MSPゴシック　MSPゴシック》をクリックします。
※一覧をポイントすると、設定後のイメージを画面で確認できます。
フォントが変更されます。

STEP 3 プレースホルダーを操作する

1 プレースホルダー

スライドには、様々な要素を配置するための「プレースホルダー」と呼ばれる枠が用意されています。
タイトルを入力するプレースホルダーのほかに、箇条書きや表、グラフ、画像などのコンテンツを配置するプレースホルダーもあります。

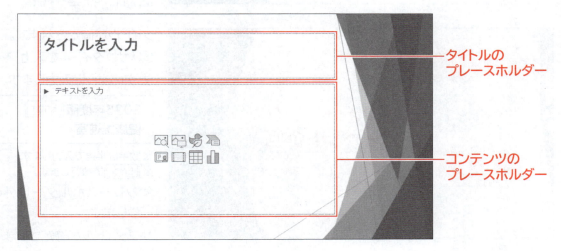

2 タイトルの入力

新規に作成したプレゼンテーションの1枚目のスライドには、タイトルのスライドが表示されます。この1枚目のスライドを「タイトルスライド」といいます。タイトルスライドには、タイトルとサブタイトルを入力するためのプレースホルダーが用意されています。
タイトルスライドのプレースホルダーに、タイトルとサブタイトルを入力しましょう。

①《タイトルを入力》の文字をポイントします。
マウスポインターの形が I に変わります。
②クリックします。

プレースホルダー内にカーソルが表示されます。

③次のように入力します。

| 全社ウォーキング Enter |
| イベント企画 |

※ Enter で改行します。

④プレースホルダー以外の場所をポイントします。

マウスポインターの形が に変わります。

⑤クリックします。

タイトルが確定されます。

⑥《サブタイトルを入力》をクリックします。

⑦次のように入力します。

| 2025年度版 Enter |
| 健康推進室 |

※数字は半角で入力します。
※ Enter で改行します。

⑧プレースホルダー以外の場所をクリックします。

サブタイトルが確定されます。

> **POINT 自動調整オプション**
>
> プレースホルダー内に多くの文字を入力すると、プレースホルダーの周囲に《自動調整オプション》が表示されます。クリックすると、入力した文字をどのように調整するかを選択できます。また、プレースホルダー内に収まるように自動調整される場合もあります。

3 プレースホルダーの選択

プレースホルダーを移動したり書式を設定したりするには、プレースホルダーを選択して操作します。

プレースホルダー内をクリックすると、カーソルが表示され、枠線が点線になります。この状態のとき、文字を入力したり文字の一部の書式を設定したりできます。

プレースホルダーの枠線をクリックすると、プレースホルダーが選択され、枠線が実線になります。この状態のとき、プレースホルダー内のすべての文字に書式を設定できます。

●プレースホルダー内にカーソルがある状態　●プレースホルダーが選択されている状態

プレースホルダーを選択する方法と、選択を解除する方法を確認しましょう。

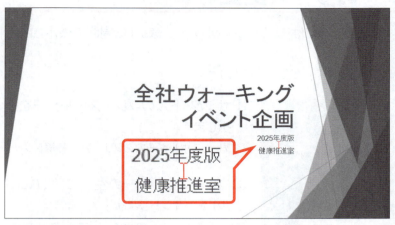

①「**2025年度版　健康推進室**」をポイントします。

マウスポインターの形が I に変わります。

②クリックします。

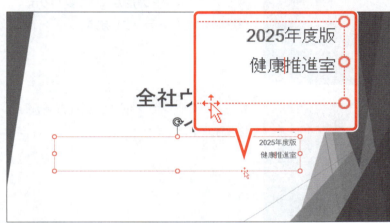

プレースホルダー内にカーソルが表示されます。

③プレースホルダーの枠線が点線で囲まれていることを確認します。

④プレースホルダーの枠線をポイントします。

マウスポインターの形が に変わります。

⑤クリックします。

プレースホルダーが選択されます。

⑥カーソルが消え、プレースホルダーの枠線が実線で表示されていることを確認します。

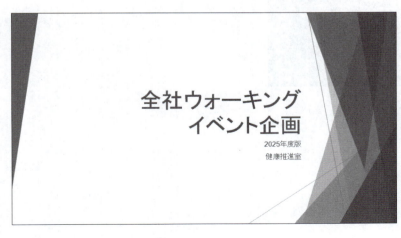

⑦プレースホルダー以外の場所をクリックします。

プレースホルダーの選択が解除され、枠線と周囲の〇（ハンドル）が消えます。

STEP UP　プレースホルダーのリセットと削除

文字が入力されているプレースホルダーを選択して、Delete を押すと、プレースホルダーが初期の状態（「タイトルを入力」など）に戻ります。
初期の状態のプレースホルダーを選択して、Delete を押すと、プレースホルダーそのものが削除されます。

4 プレースホルダーのサイズ変更

プレースホルダーのサイズを変更するには、プレースホルダーを選択し、周囲に表示される○（ハンドル）をドラッグします。
サブタイトルのプレースホルダーのサイズを変更しましょう。

①サブタイトルのプレースホルダーを選択します。
※プレースホルダー内をクリックし、枠線をクリックします。
②プレースホルダーの左下の○（ハンドル）をポイントします。
マウスポインターの形が に変わります。
③図のようにドラッグします。

ドラッグ中、マウスポインターの形が＋に変わります。

マウスから手を離すと、プレースホルダーのサイズが変更されます。

5 プレースホルダーの移動

プレースホルダーを移動するには、プレースホルダーの枠線をドラッグします。
サブタイトルのプレースホルダーを移動しましょう。

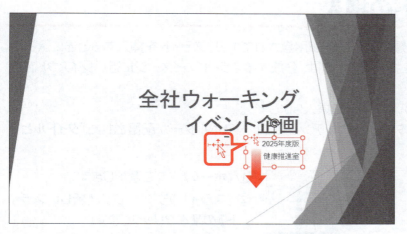

① サブタイトルのプレースホルダーが選択されていることを確認します。
② プレースホルダーの枠線をポイントします。
マウスポインターの形が に変わります。
③ 図のようにドラッグします。

ドラッグ中、マウスポインターの形が に変わります。

《スマートガイド》

プレースホルダーが移動します。
※プレースホルダー以外の場所をクリックして、選択を解除しておきましょう。

POINT　スマートガイド

プレースホルダーや画像などのオブジェクトを移動する際、赤い点線が表示される場合があります。これを「スマートガイド」といいます。スライド内のオブジェクトの位置をそろえる際に役立ちます。

37

STEP 4 新しいスライドを挿入する

1 新しいスライドの挿入

スライドには、様々な種類のレイアウトが用意されており、スライドを挿入するときに選択できます。新しくスライドを挿入するときは、作成するスライドのイメージに近いレイアウトを選択すると効率的です。
スライド1のうしろに新しいスライドを挿入しましょう。
スライドのレイアウトは、タイトルとコンテンツのプレースホルダーが配置された**「タイトルとコンテンツ」**にします。

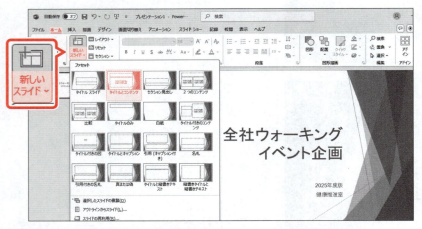

①《ホーム》タブを選択します。
②《スライド》グループの《**新しいスライド**》の▼をクリックします。
③《**タイトルとコンテンツ**》をクリックします。

スライド2が挿入されます。

> **POINT　スライドの挿入位置**
> 新しいスライドは、選択されているスライドのうしろに挿入されます。

> **POINT　ボタン名の確認**
> ボタンを使った操作は、ボタン名を記載しています。
> ボタン名は、ボタンをポイントしたときに表示されるポップヒントで確認できます。

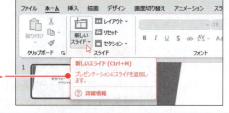

ポップヒント

> **STEP UP　スライドのレイアウトの変更**
> スライドのレイアウトをあとから変更する方法は、次のとおりです。
> ◆スライドを選択→《ホーム》タブ→《スライド》グループの《スライドのレイアウト》

STEP 5 箇条書きテキストを入力する

1 箇条書きテキストの入力

PowerPointでは、箇条書きの文字のことを「**箇条書きテキスト**」といいます。
挿入したスライドにタイトルと箇条書きテキストを入力しましょう。

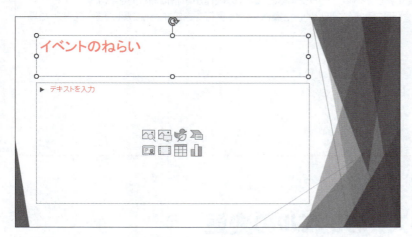

①《タイトルを入力》をクリックします。
②「イベントのねらい」と入力します。
③《テキストを入力》をクリックします。

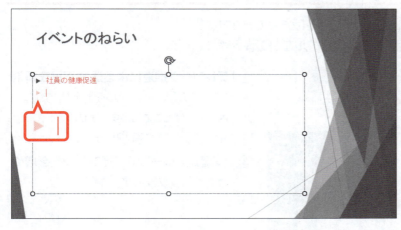

④「社員の健康促進」と入力します。
⑤ Enter を押します。
プレースホルダー内で改行され、行頭文字が自動的に表示されます。

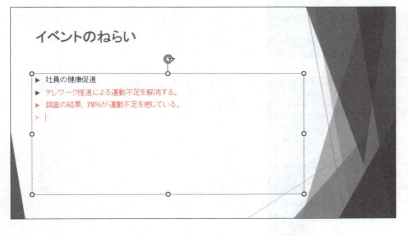

⑥同様に、次の箇条書きテキストを入力します。

> テレワーク推進による運動不足を解消する。Enter
> 調査の結果、78％が運動不足を感じている。Enter

※ Enter で改行します。
※数字は半角で入力します。

39

STEP UP 箇条書きテキストの改行

箇条書きテキストは、Enter を押して改行すると、次の行に行頭文字が表示され、新しい項目が入力できる状態になります。
行頭文字を表示せずに前の行の続きの項目として扱うには、Shift + Enter を押して改行します。

POINT 元に戻す・やり直し

《元に戻す》を使うと、誤って文字を削除した場合などに、直前に行った操作を取り消して、元の状態に戻すことができます。《元に戻す》を繰り返しクリックすると、過去の操作が順番に取り消されます。
また、《やり直し》を使うと、《元に戻す》で取り消した操作を再度実行できます。元に戻しすぎてしまった場合に使うと便利です。

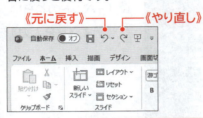

2 箇条書きテキストのレベルの変更

箇条書きテキストのレベルは、上げたり下げたりできます。
箇条書きテキストの2行目と3行目のレベルを1段階下げましょう。

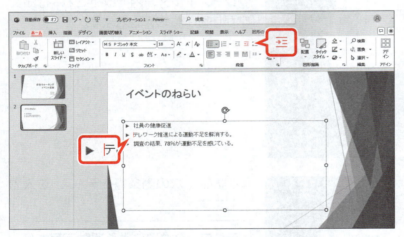

①「テレワーク推進による運動不足を解消する。」の行にカーソルを移動します。
※行内であればどこでもかまいません。
②《ホーム》タブを選択します。
③《段落》グループの《インデントを増やす》をクリックします。

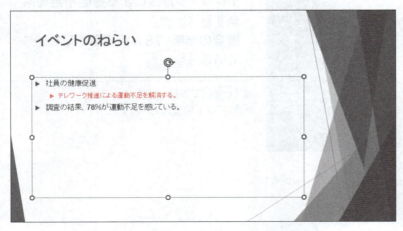

箇条書きテキストのレベルが1段階下がります。

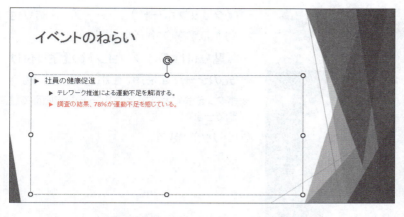

④同様に、「**調査の結果、78％が運動不足を感じている。**」のレベルを1段階下げます。

STEP UP その他の方法（箇条書きテキストのレベル下げ）

◆箇条書きテキストの行頭にカーソルを移動→ Tab

> **POINT** 箇条書きテキストのレベル上げ
> 箇条書きテキストのレベルを上げる方法は、次のとおりです。
> ◆行内にカーソルを移動→《ホーム》タブ→《段落》グループの《インデントを減らす》

3 文字のコピー

同じような文字を繰り返し入力する場合、コピーしてから修正すると効率的です。
箇条書きテキスト1〜3行目をコピーし、文字の一部を修正しましょう。

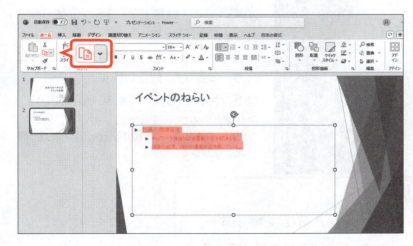

コピー元の文字を選択します。
①「**社員の健康促進**」から「**調査の結果、78％が運動不足を感じている。**」までをドラッグします。
※マウスポインターの形が I の状態でドラッグします。
②《**ホーム**》タブを選択します。
③《**クリップボード**》グループの《**コピー**》をクリックします。

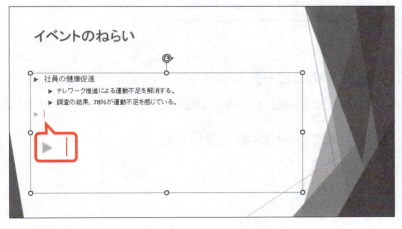

コピー先にカーソルを移動します。
④図の位置をクリックして、カーソルを移動します。

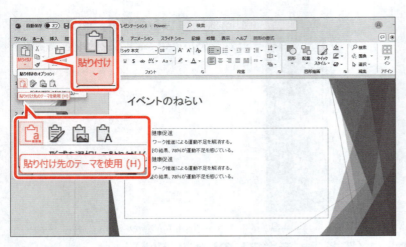

⑤《クリップボード》グループの《貼り付け》の▼をクリックします。
⑥《貼り付けのオプション》の《貼り付け先のテーマを使用》をポイントします。
※ボタンをポイントすると、コピー結果を画面で確認できます。
⑦クリックします。

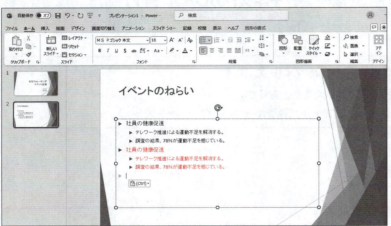

文字がコピーされます。
※コピー結果を確認する必要がない場合には、《貼り付け》のボタンの上側をクリックすると、すぐにコピーされます。

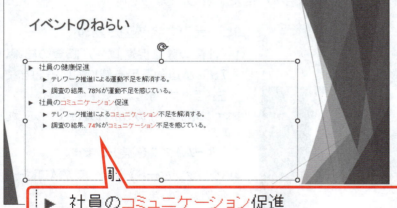

コピーした文字を修正します。
⑧4行目の「**健康**」を「**コミュニケーション**」に修正します。
⑨5行目と6行目の「**運動**」を「**コミュニケーション**」に修正します。
⑩6行目の「**78**」を「**74**」に修正します。
※数字は半角で入力します。
※プレースホルダー以外の場所をクリックして、修正を確定しておきましょう。

STEP UP その他の方法（文字のコピー）

◆コピー元を選択して右クリック→《コピー》→コピー先にカーソルを移動して右クリック→《貼り付けのオプション》から選択
◆コピー元を選択→Ctrl+C→コピー先にカーソルを移動→Ctrl+V

第2章 基本的なプレゼンテーションの作成

STEP UP 貼り付けのオプション

「コピー」と「貼り付け」を実行すると、《貼り付けのオプション》が表示されます。ボタンをクリックするか、[Ctrl]を押すと、ボタンの一覧が表示され、貼り付け先のテーマに合わせてコピーしたり、元の書式のままコピーしたりするなどを選択できます。
《貼り付けのオプション》を使わない場合は、[Esc]を2回押します。

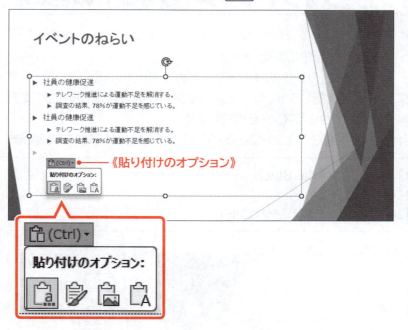

POINT 文字の選択

プレースホルダー内の文字を選択する方法は、次のとおりです。

選択対象	操作方法
プレースホルダー内のすべての文字	プレースホルダーを選択
プレースホルダー内の一部の文字	方法1）開始文字から終了文字までドラッグ 方法2）開始文字の前にカーソルを移動 　　　→[Shift]を押しながら、終了文字のうしろをクリック
プレースホルダー内の複数の文字	1つ目の文字を範囲選択→[Ctrl]を押しながら、2つ目以降の文字を範囲選択
プレースホルダー内の箇条書きテキスト	行頭文字をクリック

POINT 文字の移動

文字を移動する場合は、《ホーム》タブの《切り取り》を使います。
文字を移動する方法は、次のとおりです。

◆移動元の文字を選択→《ホーム》タブ→《クリップボード》グループの《切り取り》→移動先にカーソルを移動→《クリップボード》グループの《貼り付け》

STEP 6 文字や段落に書式を設定する

1 フォント・フォントサイズ・フォントの色の変更

適用するテーマによってプレースホルダー内のフォント・フォントサイズ・フォントの色などは決まっていますが、自由に変更できます。
プレースホルダー内のすべての文字をまとめて変更する場合は、プレースホルダーを選択してからコマンドを実行します。プレースホルダー内の文字を部分的に変更する場合は、対象の文字を選択してからコマンドを実行します。
次のように、箇条書きテキストにある「**78%**」と「**74%**」に書式を設定しましょう。

フォント	：Arial Black
フォントサイズ	：24
フォントの色	：アクア、アクセント1

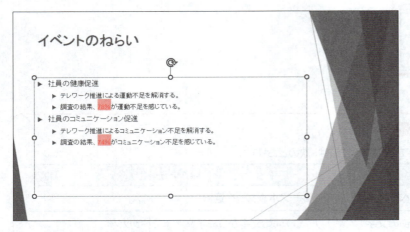

①「**78%**」を選択します。
② Ctrl を押しながら、「**74%**」を選択します。
※ Ctrl を押しながら文字を選択すると、離れた複数の文字を選択できます。

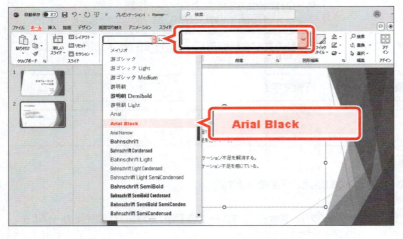

③《ホーム》タブを選択します。
④《フォント》グループの《フォント》の▼をクリックします。
⑤《Arial Black》をクリックします。
※一覧に表示されていない場合は、スクロールして調整します。

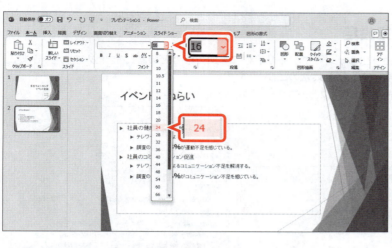

⑥《フォント》グループの《フォントサイズ》の▼をクリックします。

⑦《24》をクリックします。

※一覧をポイントすると、設定後のイメージを画面で確認できます。

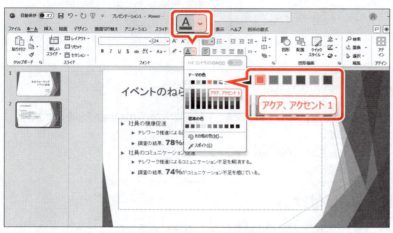

⑧《フォント》グループの《フォントの色》の▼をクリックします。

⑨《テーマの色》の《アクア、アクセント1》をクリックします。

※一覧をポイントすると、設定後のイメージを画面で確認できます。

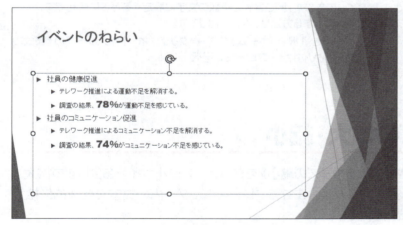

文字に書式が設定されます。

※プレースホルダー以外の場所をクリックして、選択を解除しておきましょう。

POINT 蛍光ペン

蛍光ペンを使って、プレースホルダー内の特定の文字を強調することもできます。
蛍光ペンを使用する方法は、次のとおりです。

◆《ホーム》タブ→《フォント》グループの《蛍光ペンの色》の▼→色を選択→文字をドラッグ

※蛍光ペンを終了するには Esc を押します。

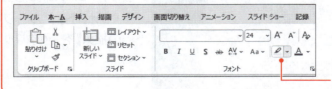

《蛍光ペンの色》

STEP UP 書式の一括設定

《フォント》ダイアログボックスを使うと、フォント・フォントサイズ・フォントの色などの書式をまとめて設定できます。
《フォント》ダイアログボックスを表示する方法は、次のとおりです。

◆文字を選択→《ホーム》タブ→《フォント》グループの（フォント）

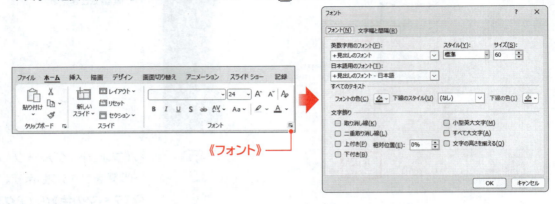

STEP UP 文字飾りの設定

《フォント》ダイアログボックスを使うと、二重取り消し線や上付き文字、下付き文字などの文字飾りを設定できます。
文字飾りを設定する方法は、次のとおりです。

◆文字を選択→《ホーム》タブ→《フォント》グループの（フォント）

STEP UP 書式のコピー/貼り付け

《書式のコピー/貼り付け》を使うと、文字に設定されている書式を別の場所にコピーできます。同じ書式を複数の文字に設定するときに便利です。
書式をコピーする方法は、次のとおりです。

◆コピー元を選択→《ホーム》タブ→《クリップボード》グループの《書式のコピー/貼り付け》→コピー先を選択

2 フォントサイズの拡大・縮小

《フォントサイズの拡大》や《フォントサイズの縮小》を使うと、フォントサイズを少しずつ拡大・縮小できます。複数のフォントサイズが含まれるプレースホルダー内の文字を全体的に拡大したり、縮小したりする際に便利です。
すべての箇条書きテキストの文字を2段階拡大しましょう。

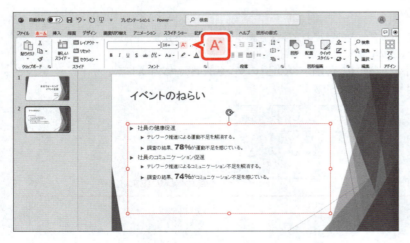

①箇条書きテキストのプレースホルダーを選択します。
※プレースホルダー内をクリックし、枠線をクリックします。
②《ホーム》タブを選択します。
③《フォント》グループの《フォントサイズの拡大》を2回クリックします。

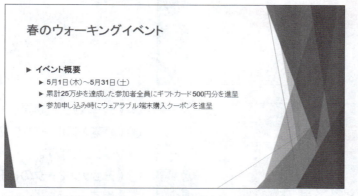

すべての箇条書きテキストの文字が拡大されます。

STEP UP その他の方法（フォントサイズの拡大）

◆ Ctrl + Shift + >

 ためしてみよう

次のようなスライドを作成しましょう。

①スライド2のうしろに新しいスライドを挿入しましょう。スライドのレイアウトは「タイトルとコンテンツ」にします。
②スライド3に次のタイトルと箇条書きテキストを入力しましょう。

タイトル

春のウォーキングイベント

箇条書きテキスト

イベント概要 Enter
5月1日（木）～5月31日（土） Enter
累計25万歩を達成した参加者全員にギフトカード500円分を進呈 Enter
参加申し込み時にウェアラブル端末購入クーポンを進呈

※ Enter で改行します。
※数字は半角で入力します。
※「～」は「から」と入力して変換します。

③箇条書きテキストの2～4行目のレベルを1段階下げましょう。
④すべての箇条書きテキストの文字を2段階拡大しましょう。

Answer

①
①スライド2を選択
②《ホーム》タブを選択
③《スライド》グループの《新しいスライド》の▼をクリック
④《タイトルとコンテンツ》をクリック

②
省略

③
①「5月1日（木）～5月31日（土）」から「参加申し込み時に…」で始まる行までを選択
②《ホーム》タブを選択
③《段落》グループの《インデントを増やす》をクリック

④
①箇条書きテキストのプレースホルダーを選択
②《ホーム》タブを選択
③《フォント》グループの《フォントサイズの拡大》を2回クリック

3 行頭文字の変更

適用するテーマによって箇条書きテキストの行頭文字は決まっていますが、自由に変更できます。
スライド3の箇条書きテキストの2～4行目の行頭文字を ✓（チェックマークの行頭文字）に変更しましょう。

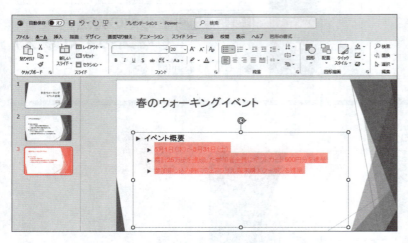

①スライド3が選択されていることを確認します。
②「**5月1日（木）～5月31日（土）**」から「**参加申し込み時に…**」で始まる行までを選択します。

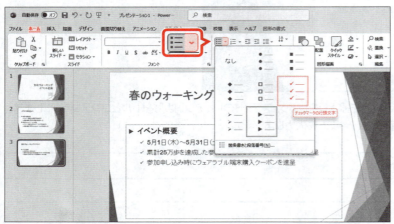

③《ホーム》タブを選択します。
④《段落》グループの《箇条書き》の▼をクリックします。
⑤《チェックマークの行頭文字》をクリックします。
※一覧をポイントすると、設定後のイメージを画面で確認できます。

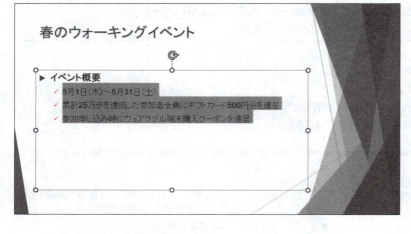

行頭文字が変更されます。

STEP UP その他の方法（行頭文字の変更）

◆箇条書きテキストを右クリック→《箇条書き》の▼→一覧から選択

STEP UP 行頭文字の詳細設定

行頭文字の色やサイズは変更できます。また、行頭文字として、様々な記号や絵文字などを利用できます。
行頭文字の詳細を設定する方法は、次のとおりです。

◆箇条書きテキストを選択→《ホーム》タブ→《段落》グループの《箇条書き》の▼→《箇条書きと段落番号》→《箇条書き》タブ

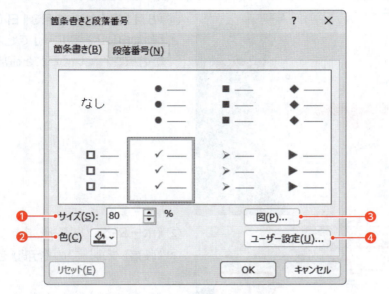

❶ サイズ
行頭文字のサイズを設定します。

❷ 色
行頭文字の色を設定します。

❸ 図
コンピューター内の画像やインターネット上の画像を行頭絵文字として設定します。

❹ ユーザー設定
記号や特殊文字を行頭文字として設定します。

POINT 段落番号の設定

箇条書きテキストに連続する段落番号を設定する方法は、次のとおりです。

◆箇条書きテキストを選択→《ホーム》タブ→《段落》グループの《段落番号》の▼→一覧から選択

49

4 行間の設定

行間が詰まって文字が読みにくい場合や、スライドの余白が大きすぎる場合には、箇条書きテキストの行間を変更して、スライド上の文字のバランスを調整できます。
箇条書きテキストの2～4行目の行間を標準の2倍に設定しましょう。

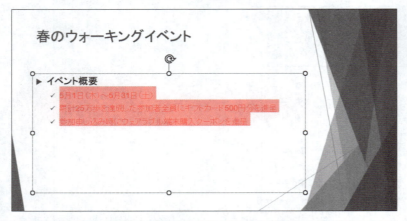

①「**5月1日（木）～5月31日（土）**」から「**参加申し込み時に…**」で始まる行までが選択されていることを確認します。

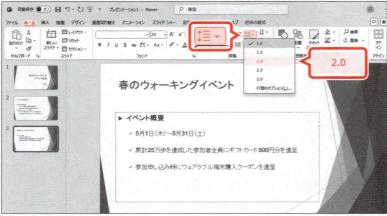

②《**ホーム**》タブを選択します。
③《**段落**》グループの《**行間**》をクリックします。
④《**2.0**》をクリックします。
※一覧をポイントすると、設定後のイメージを画面で確認できます。

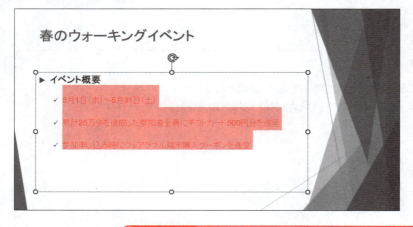

行間が変更されます。
※プレースホルダー以外の場所をクリックして、選択を解除しておきましょう。

POINT　文字の間隔

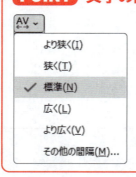

文字と文字の間隔を狭くしたり広くしたりして調整することができます。
文字の間隔を調整する方法は、次のとおりです。

◆ 文字を選択→《**ホーム**》タブ→《**フォント**》グループの《**文字の間隔**》

STEP 7 プレゼンテーションの構成を変更する

1 スライドの複製

既存のスライドと同じようなスライドを作成する場合、既存のスライドを複製して流用すると効率的です。スライド3を複製して、スライド4とスライド5を作成しましょう。

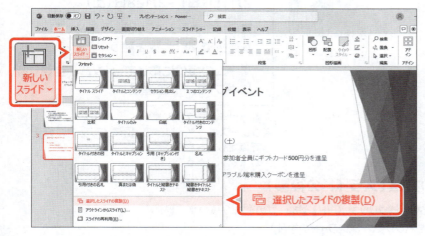

①スライド3が選択されていることを確認します。
②《ホーム》タブを選択します。
③《スライド》グループの《新しいスライド》の▼をクリックします。
④《選択したスライドの複製》をクリックします。

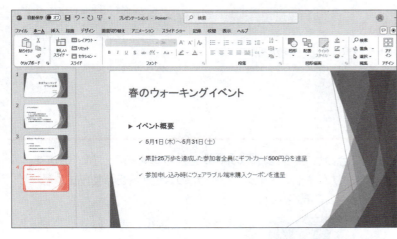

スライドが複製され、スライド4が作成されます。

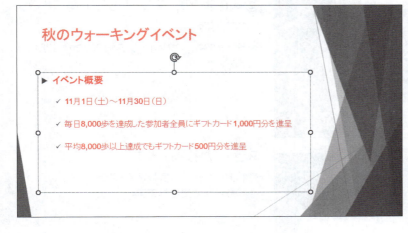

⑤次のように文字を修正します。

タイトル

秋のウォーキングイベント

箇条書きテキスト

イベント概要
11月1日（土）～11月30日（日）
毎日8,000歩を達成した参加者全員にギフトカード1,000円分を進呈
平均8,000歩以上達成でもギフトカード500円分を進呈

※数字と「,(カンマ)」は半角で入力します。
※プレースホルダー以外の場所をクリックし、修正を確定しておきましょう。

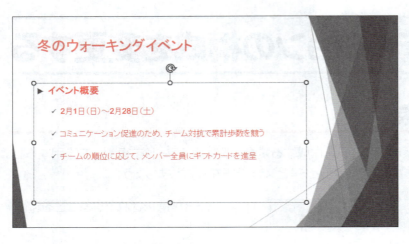

⑥同様に、スライド4を複製し、スライド5を作成します。
⑦次のように文字を修正します。

タイトル

| 冬のウォーキングイベント |

箇条書きテキスト

| イベント概要 |
| 2月1日（日）〜2月28日（土） |
| コミュニケーション促進のため、チーム対抗で累計歩数を競う |
| チームの順位に応じて、メンバー全員にギフトカードを進呈 |

※数字は半角で入力します。
※プレースホルダー以外の場所をクリックし、修正を確定しておきましょう。

STEP UP　その他の方法（スライドの複製）

◆スライドを選択→《ホーム》タブ→《クリップボード》グループの《コピー》の▼→《複製》
◆サムネイルペインでスライドを右クリック→《スライドの複製》

POINT　スライドの削除

スライドを削除するには、スライドを選択して Delete を押します。

2　スライドの入れ替え

プレゼンテーションのストーリーに合わせて、スライドの順番を入れ替えることができます。スライドの順番を入れ替えるには、サムネイルペインで移動元のスライドを移動先にドラッグします。スライド2をプレゼンテーションの最後に移動しましょう。

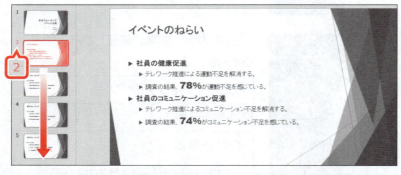

①スライド2を選択します。
②図のように、スライド5の下側にドラッグします。
※ドラッグ中、マウスポインターの形が に変わります。

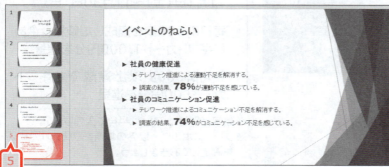

スライドが移動します。
※移動した結果に合わせて、スライド左上のスライド番号が変更されます。

3 スライド一覧表示でのスライドの入れ替え

表示モードをスライド一覧表示に切り替えると、プレゼンテーション全体の流れを確認しやすくなります。全体の構成を確認しながら、スライドの順番を入れ替えたり、不要なスライドを削除したりする場合に便利です。

1 スライド一覧表示への切り替え

スライド一覧表示に切り替えましょう。

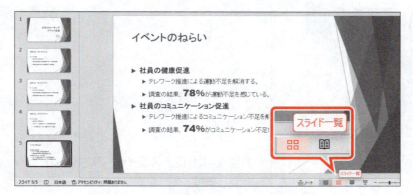

①ステータスバーの《スライド一覧》をクリックします。

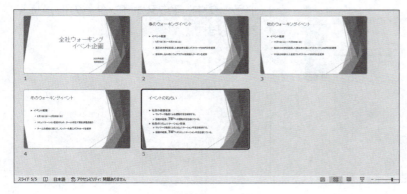

表示モードがスライド一覧表示に切り替わります。

STEP UP　その他の方法（スライド一覧表示への切り替え）

◆《表示》タブ→《プレゼンテーションの表示》グループの《スライド一覧表示》

STEP UP　表示倍率の変更

スライド一覧表示に表示するスライドの枚数を変更するには、ステータスバーのズーム機能を使います。1画面にたくさんのスライドを表示する場合は縮小、スライドの内容を確認したい場合は拡大します。

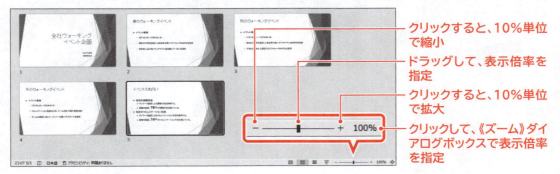

クリックすると、10%単位で縮小

ドラッグして、表示倍率を指定

クリックすると、10%単位で拡大

クリックして、《ズーム》ダイアログボックスで表示倍率を指定

53

2 スライドの入れ替え

標準表示と同様に、スライド一覧表示でもスライドをドラッグするだけで、順番を入れ替えることができます。
スライド5をスライド1のうしろに移動しましょう。

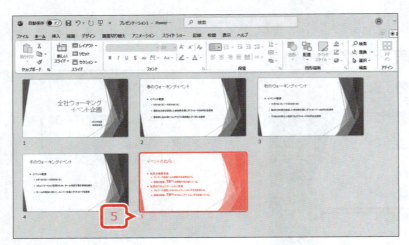

①スライド5を選択します。

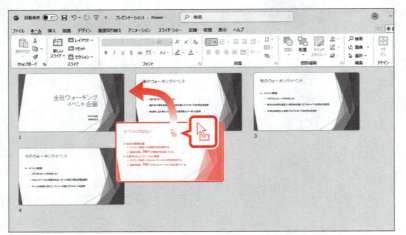

②図のように、スライド1の右側にドラッグします。
ドラッグ中、マウスポインターの形が に変わります。

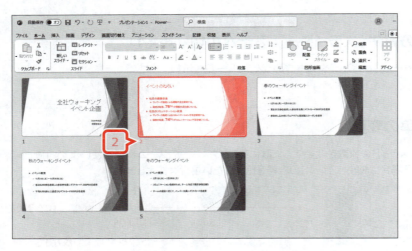

スライドが移動します。
※移動した結果に合わせて、スライド左下のスライド番号が変更されます。

> **POINT 複数のスライドの選択**
>
> 複数のスライドを選択して、まとめて操作の対象にする方法は、次のとおりです。
>
> | 選択対象 | 操作方法 |
> |---|---|
> | 離れたスライドの選択 | 1枚目のスライドを選択→ Ctrl を押しながら、2枚目以降のスライドをクリック |
> | 連続するスライドの選択 | 先頭のスライドを選択→ Shift を押しながら、最終のスライドをクリック |
> | すべてのスライドの選択 | Ctrl + A |

3 標準表示に戻す

スライド一覧表示から標準表示に戻す方法には、ステータスバーのボタンを使うほかに、スライドをダブルクリックする方法があります。
ダブルクリックしたスライドが、スライドペインに表示されます。
表示モードをスライド一覧表示から標準表示に戻しましょう。

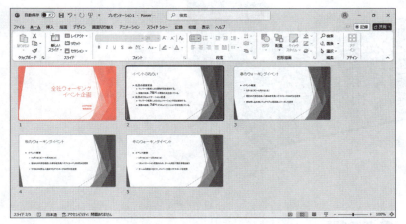

①スライド1をダブルクリックします。

表示モードが標準表示に戻り、スライドペインにスライド1が表示されます。

> **STEP UP その他の方法（標準表示に戻す）**
>
> ◆ ステータスバーの《標準》
> ◆ 《表示》タブ→《プレゼンテーションの表示》グループの《標準表示》

55

STEP 8 スライドショーを実行する

1 スライドショー

プレゼンテーションを行う際に、スライドを画面全体に表示して、順番に閲覧していくことを**「スライドショー」**といいます。マウスでクリックするか、Enterを押すと、スライドが1枚ずつ切り替わります。

2 スライドショーの実行

スライド1からスライドショーを実行し、作成したプレゼンテーションを確認しましょう。

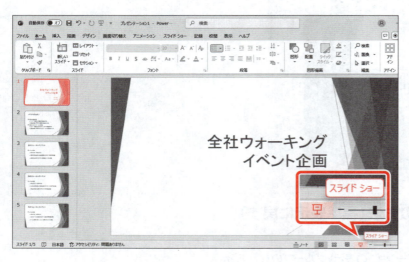

①スライド1が選択されていることを確認します。
②ステータスバーの《**スライドショー**》をクリックします。

スライドショーが実行され、スライド1が画面全体に表示されます。
次のスライドを表示します。

③クリックします。

※ Enter を押してもかまいません。

④同様に、最後のスライドまで表示します。スライドショーが終了すると、「**スライドショーの最後です。クリックすると終了します。**」というメッセージが表示されます。

⑤クリックします。

※ Enter を押してもかまいません。

スライドショーが終了し、元の表示モードに戻ります。

※お使いの環境によっては、スライド5が表示される場合があります。

> **POINT スライドショーの中断**
>
> スライドショーを途中で終了するには、 Esc を押します。

> **STEP UP その他の方法（スライドショーの実行）**
>
> ◆《スライドショー》タブ→《スライドショーの開始》グループの《先頭から開始》/《このスライドから開始》
> ◆ F5 / Shift + F5
> ※ F5 は先頭から、 Shift + F5 は選択したスライドからスライドショーを開始します。

STEP 9 プレゼンテーションを保存する

1 名前を付けて保存

作成したプレゼンテーションを残しておくには、プレゼンテーションに名前を付けて保存します。
作成したプレゼンテーションに「**基本的なプレゼンテーションの作成完成**」と名前を付けて、
フォルダー「**第2章**」に保存しましょう。

①《**ファイル**》タブを選択します。

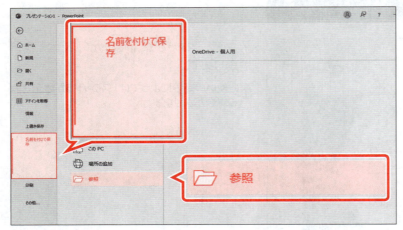

②《**名前を付けて保存**》をクリックします。
③《**参照**》をクリックします。

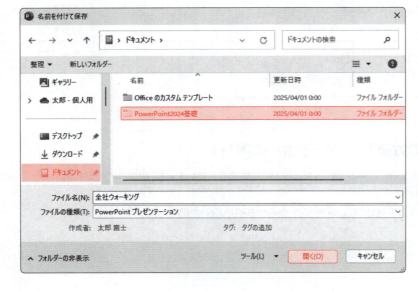

《**名前を付けて保存**》ダイアログボックスが表示されます。
プレゼンテーションを保存する場所を選択します。
④左側の一覧から《**ドキュメント**》を選択します。
⑤一覧から「**PowerPoint2024基礎**」を選択します。
⑥《**開く**》をクリックします。

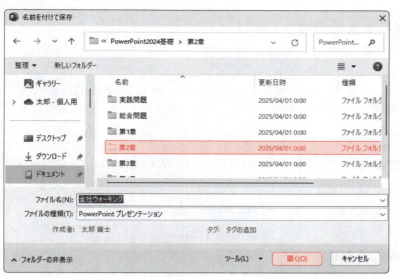

⑦一覧から「**第2章**」を選択します。
⑧《**開く**》をクリックします。

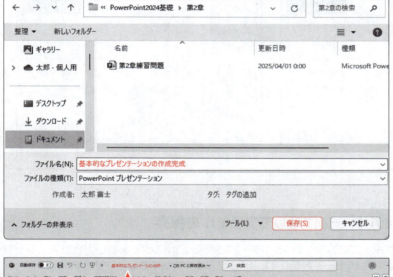

⑨《**ファイル名**》に「**基本的なプレゼンテーションの作成完成**」と入力します。
⑩《**保存**》をクリックします。

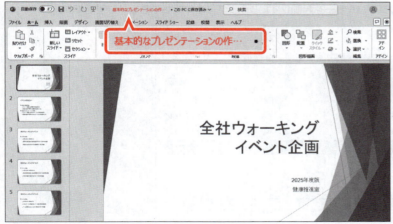

プレゼンテーションが保存されます。
⑪タイトルバーにプレゼンテーションの名前が表示されていることを確認します。
※プレゼンテーションを閉じておきましょう。

STEP UP その他の方法（名前を付けて保存）

◆ F12

POINT 上書き保存と名前を付けて保存

プレゼンテーションの保存には、基本的に次の2つの方法があります。

●名前を付けて保存
新規に作成したプレゼンテーションを保存したり、既存のプレゼンテーションを編集して別のプレゼンテーションとして保存したりするときに使います。

●上書き保存
既存のプレゼンテーションを編集して、同じ名前で保存するときに使います。

※自動保存がオンになっている場合、《名前を付けて保存》は《コピーを保存》と表示され、《上書き保存》は表示されません。

自動保存オフ

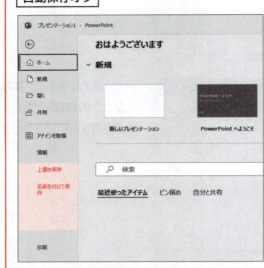

自動保存オン

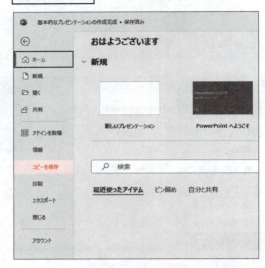

STEP UP 新しいフォルダーを作成してファイルを保存

《名前を付けて保存》ダイアログボックスの《新しいフォルダー》を使うと、フォルダーを新しく作成してプレゼンテーションを保存できます。エクスプローラーを起動せずにフォルダーの作成ができるので便利です。

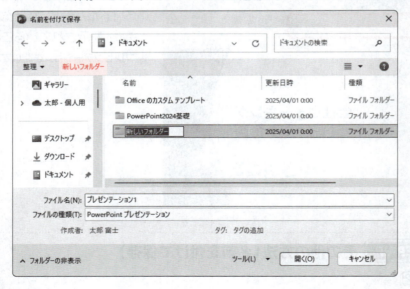

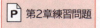

練習問題

PDF 標準解答 ▶ P.1

OPEN
第2章練習問題

あなたは、社員の健康推進をサポートする業務を担当しており、「全社ウォーキングイベント企画」のプレゼンテーションを作成しています。ここでは、連絡先のスライドを作成します。完成図のようなスライドを作成しましょう。

※標準解答は、FOM出版のホームページで提供しています。P.5「5 学習ファイルと標準解答のご提供について」を参照してください。

●完成図

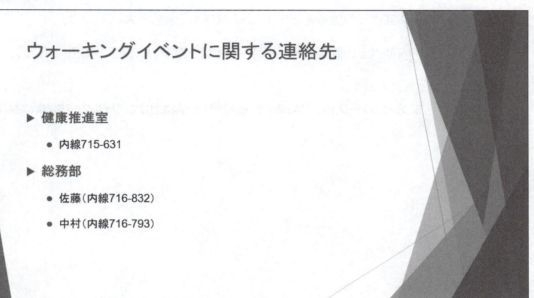

① スライド5のうしろに、新しいスライドを挿入しましょう。
   スライドのレイアウトは**「タイトルとコンテンツ」**にします。

② スライド6に、次のタイトルと箇条書きテキストを入力しましょう。

タイトル

ウォーキングイベントに関する連絡先

箇条書きテキスト

健康推進室 Enter
内線715-631 Enter
総務部 Enter
佐藤（内線716-832） Enter
中村（内線716-793）

※ Enter で改行します。
※数字と「-（ハイフン）」は半角で入力します。

③ 箇条書きテキスト「内線715-631」「佐藤（内線716-832）」「中村（内線716-793）」の
　 レベルを1段階下げましょう。

④ 箇条書きテキスト「内線715-631」「佐藤（内線716-832）」「中村（内線716-793）」の
　 行頭文字を「塗りつぶし丸の行頭文字」に変更しましょう。

⑤ 箇条書きテキスト「健康推進室」「総務部」に、次の書式を設定しましょう。

太字
フォントの色 ：緑、アクセント2、黒＋基本色25％

---

⑥ すべての箇条書きテキストの文字を2段階拡大しましょう。

⑦ すべての箇条書きテキストの行間を標準の1.5倍に設定しましょう。

※プレゼンテーションに「第2章練習問題完成」と名前を付けて、フォルダー「第2章」に保存し、閉じておきましょう。

第3章

表の作成

この章で学ぶこと	·········	64
STEP 1 作成するスライドを確認する	·········	65
STEP 2 表を作成する	·········	66
STEP 3 行列を操作する	·········	71
STEP 4 表に書式を設定する	·········	74
練習問題	·········	78

この章で学ぶこと

学習前に習得すべきポイントを理解しておき、
学習後には確実に習得できたかどうかを振り返りましょう。

第3章　表の作成

- ■ 表の構成を理解し、表を作成できる。　→ P.66　☑☑☑
- ■ 表の位置やサイズを調整できる。　→ P.69　☑☑☑
- ■ 行や列を削除できる。　→ P.71　☑☑☑
- ■ 行や列を挿入できる。　→ P.72　☑☑☑
- ■ 表の列の幅を変更できる。　→ P.73　☑☑☑
- ■ 表にスタイルを適用して、表全体のデザインを変更できる。　→ P.74　☑☑☑
- ■ 表スタイルのオプションを使って、表の見栄えを変更できる。　→ P.75　☑☑☑
- ■ セル内の文字の配置を設定できる。　→ P.76　☑☑☑
- ■ 表全体・セル・行・列の選択方法を理解し、操作に応じて選択できる。　→ P.77　☑☑☑

STEP 1 作成するスライドを確認する

1 作成するスライドの確認

次のようなスライドを作成しましょう。

列の幅の変更

表の作成
表の移動とサイズ変更
行の削除
表のスタイルの適用
文字の配置の変更

列の挿入

STEP 2 表を作成する

1 表の構成

「**表**」を使うと、項目ごとにデータを整列して表示できるため、内容を読み取りやすくなります。表は縦方向の「**列**」と横方向の「**行**」で構成され、列と行が交わるマス目を「**セル**」といいます。

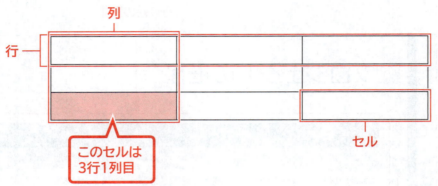

2 表の作成

OPEN
P 表の作成

スライド3に、7行2列の表を作成しましょう。

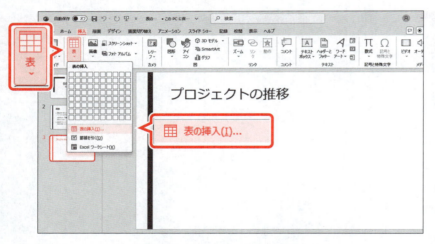

①スライド3を選択します。
②《**挿入**》タブを選択します。
③《**表**》グループの《**表の追加**》をクリックします。
④《**表の挿入**》をクリックします。

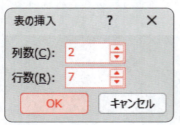

《**表の挿入**》ダイアログボックスが表示されます。
⑤《**列数**》を「**2**」に設定します。
⑥《**行数**》を「**7**」に設定します。
⑦《**OK**》をクリックします。

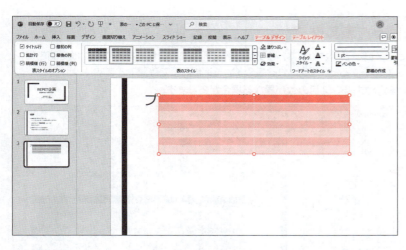

表が作成されます。

※表には、スタイルが適用されています。

⑧表の周囲に実線と〇（ハンドル）が表示され、表が選択されていることを確認します。

リボンに《テーブルデザイン》タブと《テーブルレイアウト》タブが表示されます。

⑨表に、次の文字を入力します。

年月	イベント
2023年7月	「REPET」発表
2023年10月	ふく服オンライン開始
2024年3月	ふく服コミュニティー開始
2024年8月	Rock␣FOMIに出店
2025年1月	コラボ商品第1弾

※英数字は半角で入力します。
※␣は半角空白を表します。
※文字を入力し、確定後に Enter を押すと、セル内で改行されます。誤って改行した場合は、BackSpace を押します。

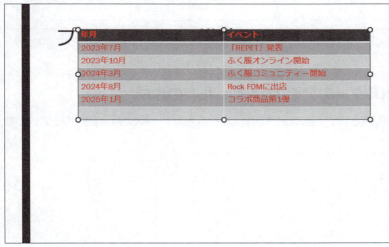

⑩表以外の場所をクリックします。

表の選択が解除されます。

POINT 《テーブルデザイン》タブと《テーブルレイアウト》タブ

表が選択されているとき、リボンに《テーブルデザイン》タブと《テーブルレイアウト》タブが表示され、表に関するコマンドが使用できる状態になります。

POINT マス目を使った表の作成

《表の追加》をクリックするとマス目が表示されます。必要な行数と列数をマス目で指定するだけで簡単に表を作成できます。マス目をポイントすると、作成される表のイメージを画面で確認できます。
※お使いの環境によっては、表示されるマス目の数が異なる場合があります。

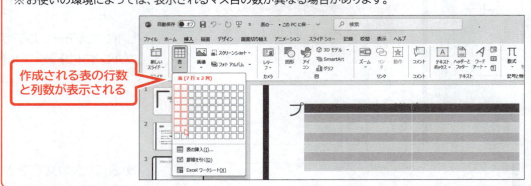

作成される表の行数と列数が表示される

STEP UP プレースホルダーのアイコンを使った表の作成

コンテンツのプレースホルダーが配置されているスライドでは、プレースホルダー《表の挿入》をクリックして、表を作成することができます。

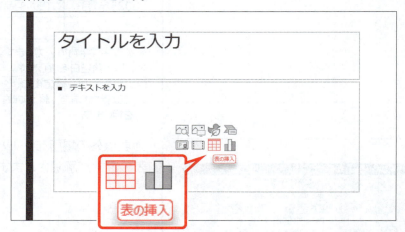

STEP UP 表内のカーソルの移動

キーボードのキーを使って、表内でカーソルを移動する方法は、次のとおりです。

移動方向	キー
右のセルへ移動	[Tab]または[→]
左のセルへ移動	[Shift]+[Tab]または[←]
上のセルへ移動	[↑]
下のセルへ移動	[↓]

3 表の移動とサイズ変更

スライドに作成した表は、移動したりサイズを変更したりできます。
表を移動するには、周囲の枠線をドラッグします。
表のサイズを変更するには、周囲の枠線上にある○（ハンドル）をドラッグします。
表の位置とサイズを調整しましょう。

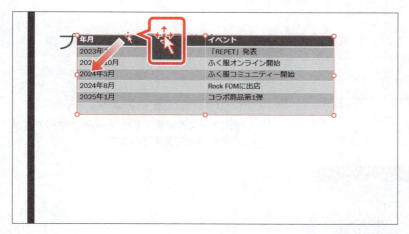

①表内をクリックします。
※表内であれば、どこでもかまいません。
表の周囲に枠線が表示されます。
②表の周囲の枠線をポイントします。
マウスポインターの形が に変わります。
③図のようにドラッグします。

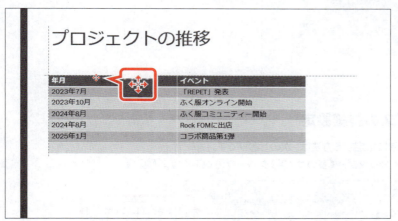

ドラッグ中、マウスポインターの形が に変わります。

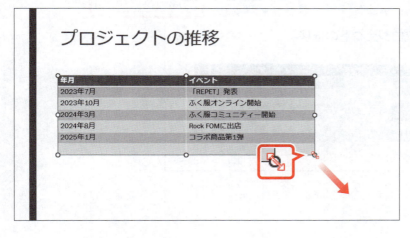

表が移動します。
④表の右下の○（ハンドル）をポイントします。
マウスポインターの形が に変わります。
⑤図のようにドラッグします。

69

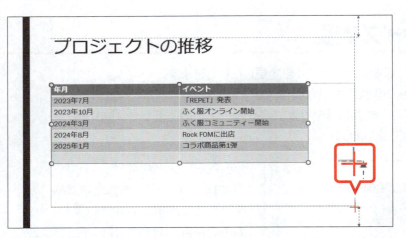

ドラッグ中、マウスポインターの形が ╋ に変わります。

表のサイズが変更されます。

※表のサイズを変更すると、行の高さや列の幅が均等な割合で変更されます。

STEP UP 表のサイズの詳細設定

表の縦横のサイズを数値で正確に指定する方法は、次のとおりです。

◆表を選択→《テーブルレイアウト》タブ→《表のサイズ》グループの《高さ：》／《幅：》

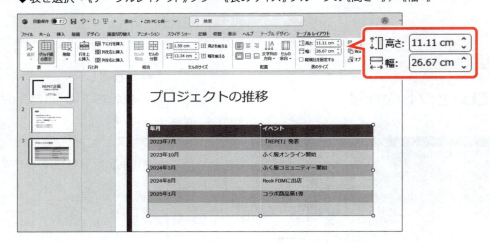

STEP 3 行列を操作する

1 行や列の削除

作成した表から余分な行や列は削除できます。
行や列を削除するには、削除する行や列にカーソルを移動してからコマンドを実行します。
表から7行目を削除しましょう。

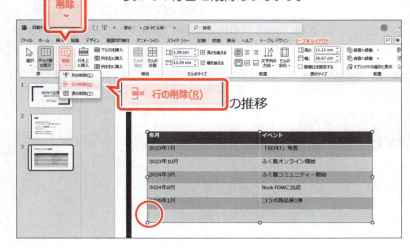

①7行目にカーソルを移動します。
※7行目であれば、どこでもかまいません。
②《テーブルレイアウト》タブを選択します。
③《行と列》グループの《表の削除》をクリックします。
④《行の削除》をクリックします。

行が削除されます。

STEP UP その他の方法（行の削除）

◆行を選択→ Back Space

> **POINT 列の削除**
> 表から列を削除する方法は、次のとおりです。
> ◆列にカーソルを移動→《テーブルレイアウト》タブ→《行と列》グループの《表の削除》→《列の削除》

> **POINT 表の削除**
> 表全体を削除する方法は、次のとおりです。
> ◆表内にカーソルを移動→《テーブルレイアウト》タブ→《行と列》グループの《表の削除》→《表の削除》

2 行や列の挿入

作成した表に行や列が足りない場合は、あとから行や列を挿入して追加できます。
行や列を挿入するには、挿入位置に隣接する行や列にカーソルを移動してからコマンドを実行します。
表の右端に1列挿入しましょう。

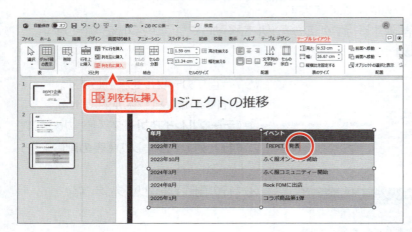

① 2列目にカーソルを移動します。
※2列目であれば、どこでもかまいません。
② 《テーブルレイアウト》タブを選択します。
③ 《行と列》グループの《列を右に挿入》をクリックします。
※お使いの環境によっては、《列を右に挿入》が《右に列を挿入》と表示される場合があります。

列が挿入されます。

④ 挿入した列に、次の文字を入力します。

説明
展示会で発表後、店頭販売を開始
オンラインストアを開設
コーディネートをシェアするSNS
音楽フェスでTシャツを販売
ワンピースを制作

※英字は半角で入力します。

POINT 行の挿入

行を挿入する方法は、次のとおりです。
◆挿入位置に隣接する行にカーソルを移動→《テーブルレイアウト》タブ→《行と列》グループの《行を上に挿入》/《下に行を挿入》
※お使いの環境によっては、《行を上に挿入》が《上に行を挿入》と表示される場合があります。

3 列の幅の変更

表の列の右側の境界線をドラッグすると、列の幅を変更できます。また、列の右側の境界線をダブルクリックすると、列内の最長データに合わせて自動的に列の幅が調整されます。
表の列の幅を調整しましょう。

① 1列目と2列目の間の境界線をポイントします。
マウスポインターの形が ↔ に変わります。
② 図のように、左方向にドラッグします。

1列目の列の幅が狭くなり、2列目の列の幅が広くなります。
③ 2列目と3列目の間の境界線をポイントします。
マウスポインターの形が ↔ に変わります。
④ 図のように、左方向にドラッグします。

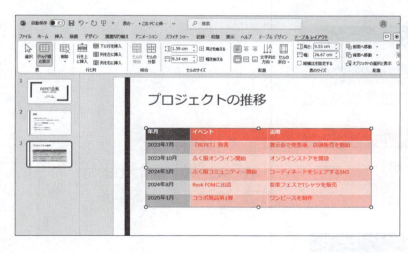

2列目の列の幅が狭くなり、3列目の列の幅が広くなります。

> **POINT 行の高さの変更**
> 行の高さを変更するには、行の下側の境界線をポイントし、マウスポインターの形が ⇕ の状態でドラッグします。行内の文字のフォントサイズよりも行の高さを狭くすることはできません。

STEP UP 列の幅と行の高さの詳細設定

列の幅や行の高さを数値で正確に指定する方法は、次のとおりです。
◆行や列にカーソルを移動→《テーブルレイアウト》タブ→《セルのサイズ》グループの《行の高さの設定》/《列の幅の設定》

STEP 4 表に書式を設定する

1 表のスタイルの適用

「**表のスタイル**」とは、表を装飾するための書式の組み合わせです。罫線や塗りつぶしなどが設定されており、表の体裁を瞬時に整えることができます。
作成した表には、自動的にスタイルが適用されますが、あとからスタイルの種類を変更することもできます。
表にスタイル「**中間スタイル3-アクセント1**」を適用しましょう。

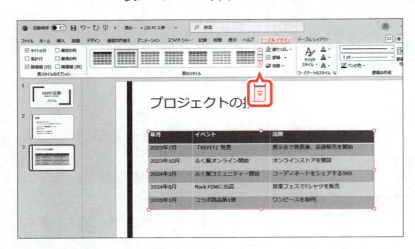

①表が選択されていることを確認します。
②《**テーブルデザイン**》タブを選択します。
③《**表のスタイル**》グループの ▽ をクリックします。

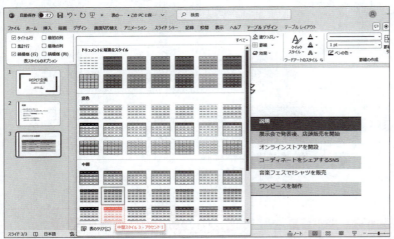

④《**中間**》の《**中間スタイル3-アクセント1**》をクリックします。
※一覧をポイントすると、設定後のイメージを画面で確認できます。

表にスタイルが適用されます。

STEP UP 表のスタイルのクリア

表に適用されているスタイルをクリアして、罫線だけの表にする方法は、次のとおりです。
◆表を選択→《**テーブルデザイン**》タブ→《**表のスタイル**》グループの ▽ →《**表のクリア**》

POINT 表のスタイル

表のスタイルは、塗りつぶし・罫線・効果で構成されています。《テーブルデザイン》タブの《表のスタイル》グループのボタンを使うと、まとめて設定することも、それぞれ個別に設定することもできます。

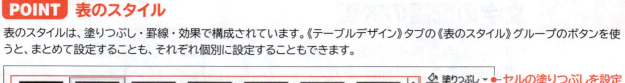

2 表スタイルのオプションの確認

「表スタイルのオプション」を使うと、最初の行を強調したり、最初の列や最後の列を強調したり、縞模様で表示したりして、表の見栄えを簡単に変更できます。

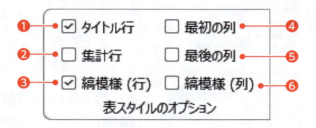

❶タイトル行
☑にすると、表の最初の行が強調されます。

❷集計行
☑にすると、表の最後の行が強調されます。

❸縞模様（行）
☑にすると、行方向の縞模様が設定されます。

❹最初の列
☑にすると、表の最初の列が強調されます。

❺最後の列
☑にすると、表の最後の列が強調されます。

❻縞模様（列）
☑にすると、列方向の縞模様が設定されます。

適用した表スタイルのオプションを確認しましょう。

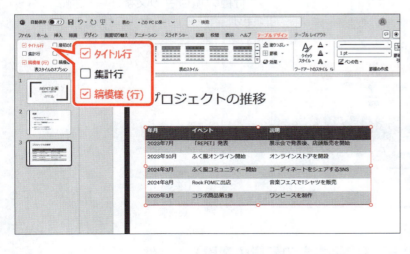

①表が選択されていることを確認します。
②《テーブルデザイン》タブを選択します。
③《表スタイルのオプション》グループの《タイトル行》が☑になっていることを確認します。
※☑と☐を切り替えて、表の体裁の違いを確認しておきましょう。
④《表スタイルのオプション》グループの《縞模様（行）》が☑になっていることを確認します。
※☑と☐を切り替えて、表の体裁の違いを確認しておきましょう。

3 文字の配置の変更

セル内の文字は、水平方向および垂直方向でそれぞれ配置を変更できます。
初期の設定では、水平方向は左揃え、垂直方向は上揃えになっています。

1 水平方向の配置の変更

表の1行目を中央揃えにしましょう。

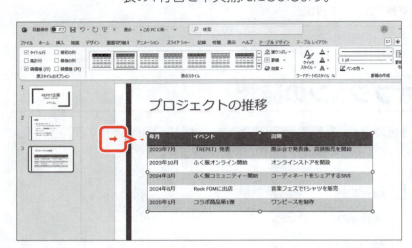

1行目を選択します。
① 1行目の左側をポイントします。
マウスポインターの形が ➡ に変わります。
② クリックします。

③ 《テーブルレイアウト》タブを選択します。
④ 《配置》グループの《中央揃え》をクリックします。

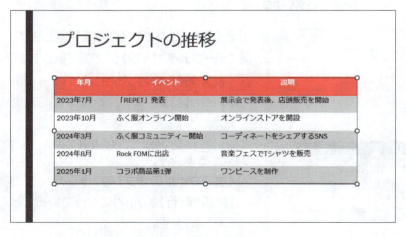

1行目の項目名の文字が中央揃えになります。

STEP UP　その他の方法（水平方向の配置の変更）

◆ セルを選択→《ホーム》タブ→《段落》グループの《左揃え》/《中央揃え》/《右揃え》

2 垂直方向の配置の変更

表内のすべての文字を上下中央揃えにしましょう。

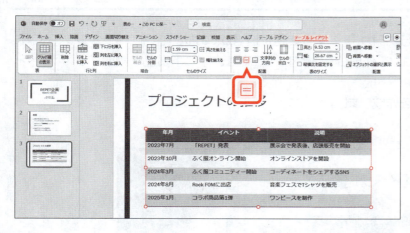

表全体を選択します。
①表の周囲の枠線をクリックします。
②《テーブルレイアウト》タブを選択します。
③《配置》グループの《上下中央揃え》をクリックします。

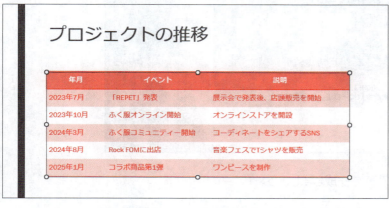

表内のすべての文字が上下中央揃えになります。

※プレゼンテーションに「表の作成完成」と名前を付けて、フォルダー「第3章」に保存し、閉じておきましょう。

STEP UP その他の方法（垂直方向の配置の変更）

◆セルを選択→《ホーム》タブ→《段落》グループの《文字の配置》→《上揃え》／《上下中央揃え》／《下揃え》

《文字の配置》

POINT 表の選択

表の各部を選択する方法は、次のとおりです。

選択対象	操作方法
表全体	表の周囲の枠線をクリック
セル	セル内の左端をマウスポインターの形が ▸ の状態でクリック
セル範囲	方法1）開始セルから終了セルまでドラッグ 方法2）開始セルをクリック→[Shift]を押しながら、終了セルをクリック
行	行の左側をマウスポインターの形が ➡ の状態でクリック
隣接する複数の行	行の左側をマウスポインターの形が ➡ の状態でドラッグ
列	列の上側をマウスポインターの形が ⬇ の状態でクリック
隣接する複数の列	列の上側をマウスポインターの形が ⬇ の状態でドラッグ

77

 練習問題

第3章 表の作成

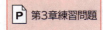 あなたは、社員の健康推進をサポートする業務を担当しており、「全社ウォーキングイベント企画」のプレゼンテーションを作成しています。ここでは、イベント賞品を説明するスライドを作成します。
完成図のようなスライドを作成しましょう。

●完成図

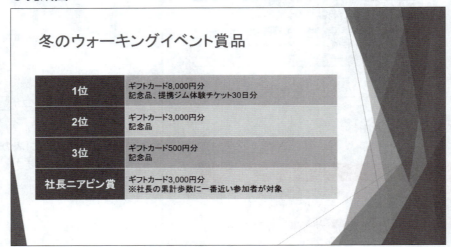

① スライド6に、4行2列の表を作成しましょう。

HINT 表を作成するには、《表の追加》をクリックすると表示されるマス目を使います。

② 作成した表に、次の文字を入力しましょう。

1位	ギフトカード8,000円分 [Enter] 記念品、提携ジム体験チケット30日分
2位	ギフトカード3,000円分 [Enter] 記念品
3位	ギフトカード500円分 [Enter] 記念品
社長ニアピン賞	ギフトカード3,000円分 [Enter] ※社長の累計歩数に一番近い参加者が対象

※[Enter]で改行します。
※数字と「,(カンマ)」は半角で入力します。
※「※」は「こめ」と入力して変換します。

③ 表の2列目の文字列が折り返されないように、列の幅を広げましょう。

④ 完成図を参考に、表の位置とサイズを調整しましょう。

⑤ 表の1行目の強調を解除し、1列目だけが強調されるように変更しましょう。

⑥ 表の1列目のフォントサイズを「24」にしましょう。

⑦ 表の1列目の文字を中央揃えにし、表内のすべての文字を上下中央揃えにしましょう。

※プレゼンテーションに「第3章練習問題完成」と名前を付けて、フォルダー「第3章」に保存し、閉じておきましょう。

第4章

グラフの作成

この章で学ぶこと ………………………………………………… 80
STEP 1 作成するスライドを確認する ……………………… 81
STEP 2 グラフを作成する ……………………………………… 82
STEP 3 グラフのレイアウトを変更する ……………………… 89
STEP 4 グラフに書式を設定する ……………………………… 90
STEP 5 グラフのもとになるデータを修正する ……………… 93
練習問題 …………………………………………………………… 97

この章で学ぶこと

学習前に習得すべきポイントを理解しておき、
学習後には確実に習得できたかどうかを振り返りましょう。

- ■ グラフを作成できる。 → P.82 ☑☑☑
- ■ グラフの位置やサイズを調整できる。 → P.86 ☑☑☑
- ■ グラフを構成する要素について説明できる。 → P.87 ☑☑☑
- ■ グラフのレイアウトを変更できる。 → P.89 ☑☑☑
- ■ グラフ全体の色合いやデザインを変更できる。 → P.90 ☑☑☑
- ■ グラフ要素に対して、書式を設定できる。 → P.91,92 ☑☑☑
- ■ グラフをコピーできる。 → P.93 ☑☑☑
- ■ グラフのもとになるデータを修正できる。 → P.94 ☑☑☑

STEP 1 作成するスライドを確認する

1 作成するスライドの確認

次のようなスライドを作成しましょう。

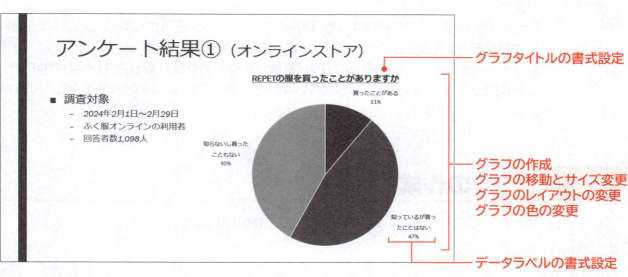

- グラフタイトルの書式設定
- グラフの作成
- グラフの移動とサイズ変更
- グラフのレイアウトの変更
- グラフの色の変更
- データラベルの書式設定

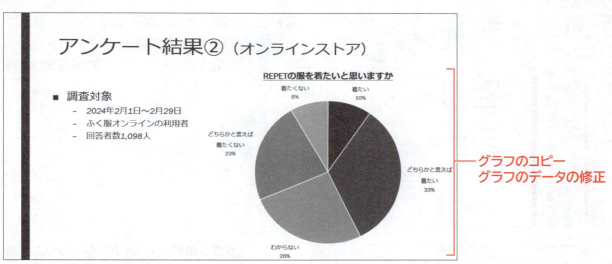

- グラフのコピー
- グラフのデータの修正

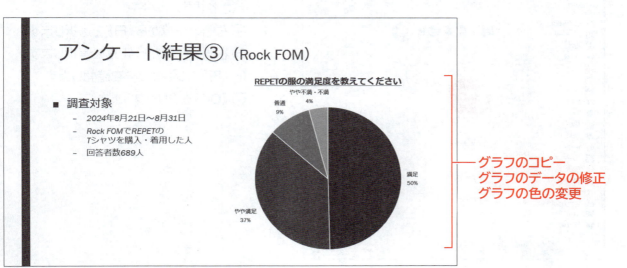

- グラフのコピー
- グラフのデータの修正
- グラフの色の変更

STEP 2 グラフを作成する

1 グラフ

「グラフ」を使うと、数値を視覚的に表現できるため、データの傾向や変化を把握しやすくなります。
PowerPointでグラフを作成すると、専用のワークシートが表示されます。このワークシートに必要なデータを入力すると、スライド上にグラフが作成されます。
PowerPointでは、Excelと同様に、**「円」「縦棒」「横棒」「折れ線」「面」**など様々な種類のグラフを作成できます。また、Excelと同様の操作方法で、グラフのレイアウトを変更したり書式を設定したりできます。

2 グラフの作成

OPEN P グラフの作成

スライド4にアンケートの結果を表す円グラフを作成しましょう。

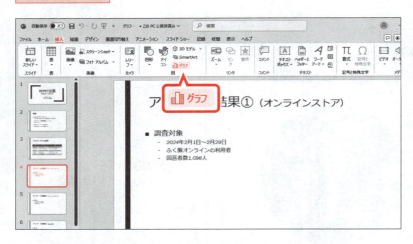

①スライド4を選択します。
②《挿入》タブを選択します。
③《図》グループの《グラフの追加》をクリックします。

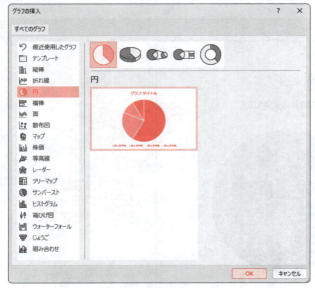

《グラフの挿入》ダイアログボックスが表示されます。
④左側の一覧から《円》を選択します。
⑤右側の一覧から《円》を選択します。
⑥《円》のプレビューを確認します。
⑦《OK》をクリックします。

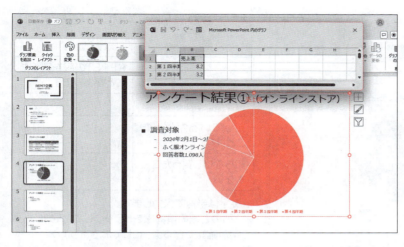

ワークシートが表示され、グラフのもとになるサンプルデータの範囲が枠線で囲まれます。
スライド上に、サンプルデータに対応したグラフが作成されます。
※グラフにはスタイルが適用されています。

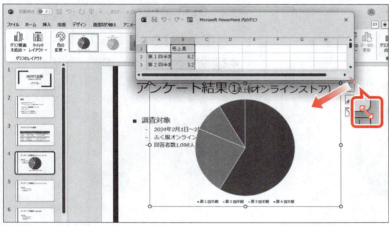

ワークシートのウィンドウサイズを調整します。
⑧ウィンドウの右下をポイントします。
マウスポインターの形が に変わります。
⑨図のようにドラッグします。

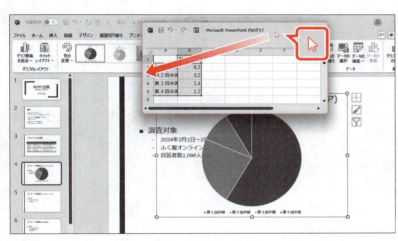

ウィンドウのサイズが変更されます。
ワークシートのウィンドウを移動します。
⑩ウィンドウのタイトルバーをポイントします。
マウスポインターの形が に変わります。
⑪図のようにドラッグします。

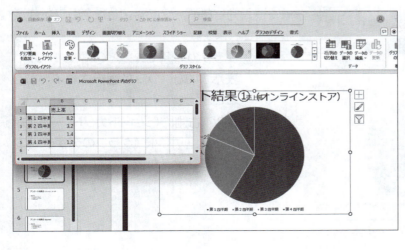

ウィンドウが移動します。

83

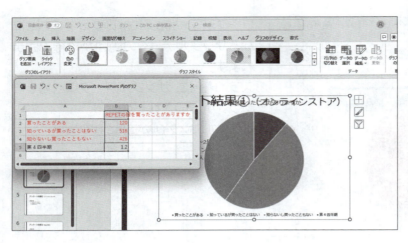

⑫ワークシートに、次のデータを入力します。

	REPETの服を買ったことがありますか
買ったことがある	120
知っているが買ったことはない	516
知らないし買ったこともない	462

※英字は半角で入力します。
※A列の右側の境界線をドラッグして、入力した文字が確認できるようにしておきましょう。

不要なサンプルデータを削除します。

⑬行番号【5】を右クリックします。

⑭《削除》をクリックします。

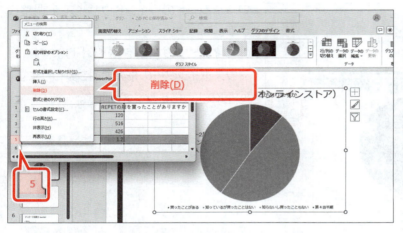

⑮データ範囲が変更され、グラフが更新されていることを確認します。
※お使いの環境によっては、データ範囲を囲む枠線が正しく表示されない場合があります。その場合は、列の幅を変更してみましょう。

⑯ワークシートのウィンドウの《閉じる》をクリックします。

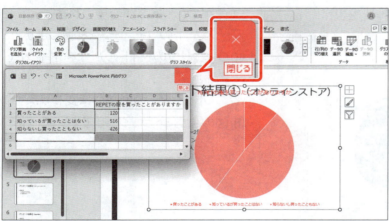

入力したデータに対応したグラフが作成されます。

⑰グラフの周囲に枠線と○（ハンドル）が表示され、グラフが選択されていることを確認します。

グラフの右側に《ショートカットツール》が表示され、リボンに《グラフのデザイン》タブと《書式》タブが表示されます。

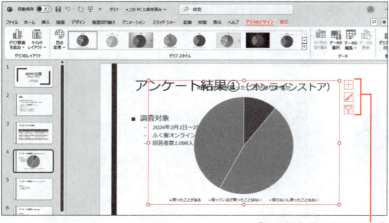

《ショートカットツール》

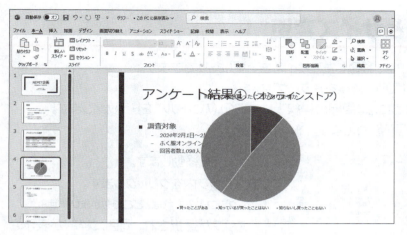

⑱ グラフ以外の場所をクリックします。
グラフの選択が解除されます。

> **POINT** 《グラフのデザイン》タブと《書式》タブ
>
> グラフが選択されているとき、リボンに《グラフのデザイン》タブと《書式》タブが表示され、グラフに関するコマンドが使用できる状態になります。

STEP UP プレースホルダーのアイコンを使ったグラフの作成

コンテンツのプレースホルダーが配置されているスライドでは、プレースホルダー内の《グラフの挿入》をクリックして、グラフを作成することができます。

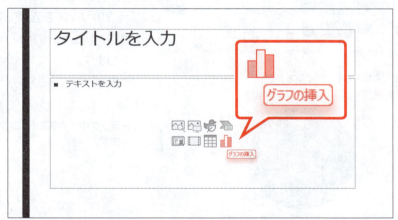

STEP UP データ範囲の表示

サンプルデータの修正後、グラフのデータ範囲が正しく表示されない場合があります。その場合は、列の幅を変更すると正しいデータ範囲が表示されます。
列の幅を変更するには、列番号の右側の境界線をドラッグまたはダブルクリックします。
※ダブルクリックすると、列内の最長のデータに合わせて列の幅が調整されます。

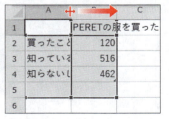

3 グラフの移動とサイズ変更

スライドに作成したグラフは、移動したりサイズを変更したりできます。
グラフを移動するには、周囲の枠線をドラッグします。
グラフのサイズを変更するには、周囲の枠線上にある○（ハンドル）をドラッグします。
グラフの位置とサイズを調整しましょう。

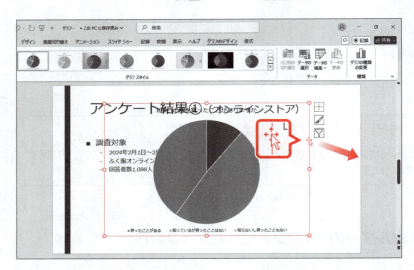

グラフを移動します。
①グラフ内をクリックします。
※グラフ内であれば、どこでもかまいません。
グラフが選択され、周囲に枠線が表示されます。
②グラフの周囲の枠線をポイントします。
マウスポインターの形が になっていることを確認します。
③図のようにドラッグします。
※ドラッグ中、マウスポインターの形が に変わります。

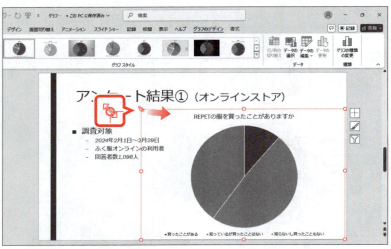

グラフが移動します。
グラフのサイズを変更します。
④グラフの左上の○（ハンドル）をポイントします。
マウスポインターの形が に変わります。
⑤図のようにドラッグします。
※ドラッグ中、マウスポインターの形が に変わります。

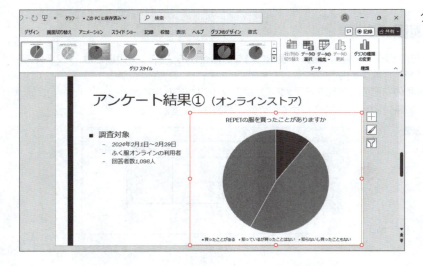

グラフのサイズが変更されます。

4 グラフの構成要素

グラフを構成する要素を確認しましょう。
※グラフの種類によって、要素とその領域は異なります。

●円グラフ

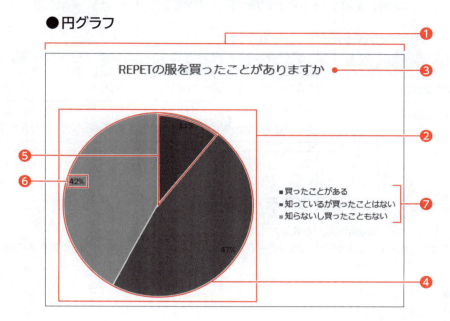

●縦棒グラフ

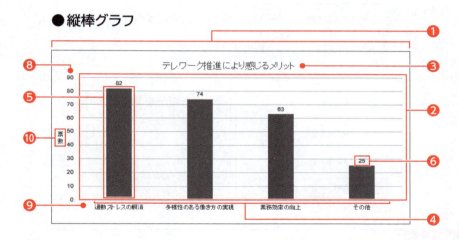

❶グラフエリア
グラフ全体の領域です。すべての要素が含まれます。

❷プロットエリア
円グラフや縦棒グラフの領域です。

❸グラフタイトル
グラフのタイトルです。

❹データ系列
もとになる数値を視覚的に表す円や棒です。

❺データ要素
もとになる数値を視覚的に表す個々の扇型や個々の棒です。

❻データラベル
データ要素を説明する文字です。

❼凡例
データ要素に割り当てられた色を識別するための情報です。

❽値軸
データ系列の数値を表す軸です。

❾項目軸
データ系列の項目を表す軸です。

❿軸ラベル
軸を説明する文字です。

87

POINT グラフの選択

グラフを編集する場合、まず対象となる要素を選択し、次にその要素に対して処理を行います。グラフ上の要素は、クリックすると選択できます。
要素をポイントすると、ポップヒントに要素名が表示されます。複数の要素が重なっている箇所や要素の面積が小さい箇所は、選択するときにポップヒントで確認するようにしましょう。要素の選択ミスを防ぐことができます。
グラフの各部を選択する方法は、次のとおりです。

選択対象	操作方法
グラフ全体	グラフ内をクリック→グラフの周囲の枠線をクリック
グラフ要素	グラフ要素をクリック ※グラフ要素によっては、2回クリックして選択するものもあります。

STEP UP グラフ要素の表示・非表示

グラフ要素の表示・非表示を切り替える方法は、次のとおりです。
◆グラフを選択→《グラフのデザイン》タブ→《グラフのレイアウト》グループの《グラフ要素を追加》

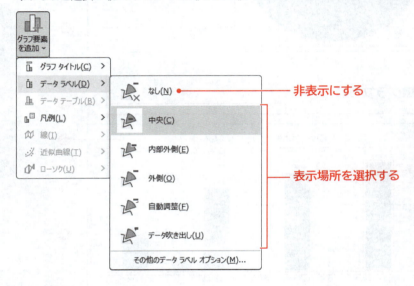

POINT ショートカットツール

グラフを選択すると、グラフの右側にボタンが表示されます。ボタンの名称と役割は、次のとおりです。

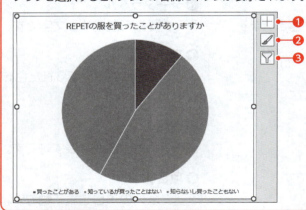

❶ **グラフ要素**
グラフのタイトルや凡例などのグラフ要素の表示・非表示を切り替えたり、表示位置を変更したりします。

❷ **グラフスタイル**
グラフのスタイルや配色を変更します。

❸ **グラフフィルター**
グラフに表示するデータを絞り込みます。

STEP 3 グラフのレイアウトを変更する

1 グラフのレイアウトの変更

グラフには、いくつかのレイアウトが用意されており、レイアウトによって表示されるグラフ要素やその配置が異なります。
グラフのレイアウトを、データラベルが表示され、凡例が表示されていない「**レイアウト1**」に変更しましょう。

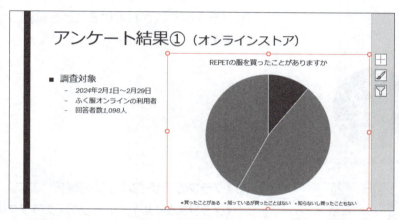

①グラフが選択されていることを確認します。

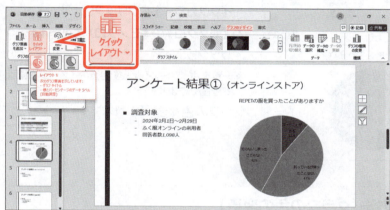

②《**グラフのデザイン**》タブを選択します。
③《**グラフのレイアウト**》グループの《**クイックレイアウト**》をクリックします。
④《**レイアウト1**》をクリックします。
※一覧をポイントすると、設定後のイメージを画面で確認できます。

グラフのレイアウトが変更されます。

POINT グラフの種類の変更

グラフの種類をあとから変更する方法は、次のとおりです。
◆グラフを選択→《グラフのデザイン》タブ→《種類》グループの《グラフの種類の変更》

STEP 4 グラフに書式を設定する

1 グラフの色の変更

グラフを作成すると、それぞれのデータ要素に自動的に色が付きますが、この色はあとから変更できます。
グラフ全体の色を、濃い色から薄い色に変化する青色の階調の「**モノクロパレット1**」に変更しましょう。

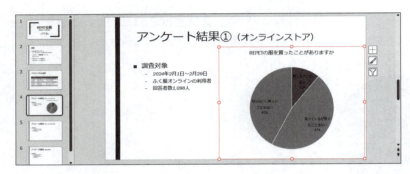

①グラフが選択されていることを確認します。

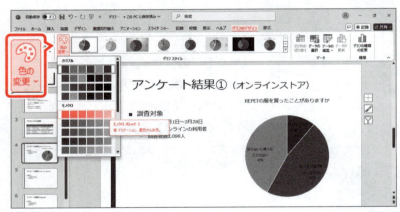

②《グラフのデザイン》タブを選択します。
③《グラフスタイル》グループの《**グラフクイックカラー**》をクリックします。
④《モノクロ》の《**モノクロパレット1**》をクリックします。
※一覧をポイントすると、設定後のイメージを画面で確認できます。
グラフの色が変更されます。

STEP UP その他の方法(グラフの色の変更)

◆グラフを選択→ショートカットツールの《グラフスタイル》→《色》

POINT グラフスタイルの適用

「グラフスタイル」とは、グラフを装飾するための書式の組み合わせです。各グラフ要素の書式が設定されており、グラフのデザインを瞬時に整えることができます。
グラフにスタイルを適用する方法は、次のとおりです。

◆グラフを選択→《グラフのデザイン》タブ→《グラフスタイル》グループの □ →一覧から選択

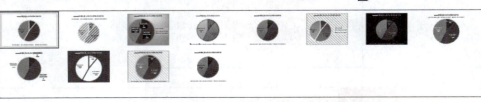

2 グラフタイトルの書式設定

グラフ要素ごとにそれぞれ書式を設定することができます。
次のように、グラフタイトルに書式を設定しましょう。

```
太字
下線
```

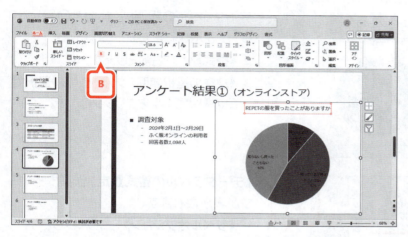

グラフタイトルを選択します。
①グラフタイトルをクリックします。
グラフタイトルの周囲に枠線と○（ハンドル）が表示されます。
②《ホーム》タブを選択します。
③《フォント》グループの《太字》をクリックします。

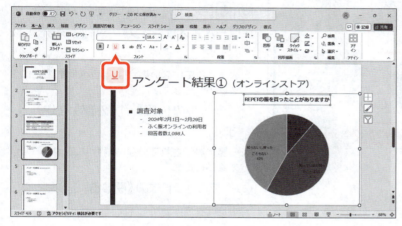

④《フォント》グループの《下線》をクリックします。

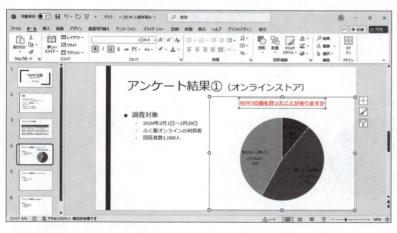

グラフタイトルに書式が設定されます。

91

3 データラベルの書式設定

グラフ要素の書式設定作業ウィンドウを使うと、書式を詳細に設定できます。
データラベルの表示位置を「**外部**」に変更しましょう。

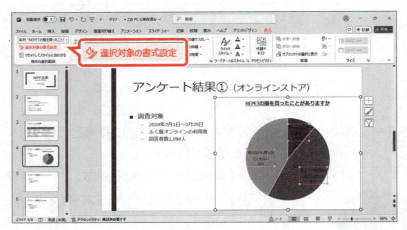

データラベルを選択します。
①データラベルをクリックします。
※データラベルであれば、どれでもかまいません。
データラベルの周囲に、枠線と〇(ハンドル)が表示されます。
②《書式》タブを選択します。
③《現在の選択範囲》グループの《選択対象の書式設定》をクリックします。

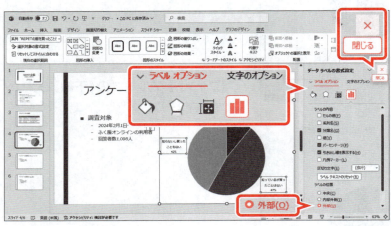

《データラベルの書式設定》作業ウィンドウが表示されます。
④《ラベルオプション》をクリックします。
⑤ (ラベルオプション)をクリックします。
⑥《ラベルオプション》の詳細が表示されていることを確認します。
※表示されていない場合は、《ラベルオプション》をクリックします。
⑦《ラベルの位置》の《外部》を◉にします。
※一覧に表示されていない場合は、スクロールして調整します。
⑧作業ウィンドウの《閉じる》をクリックします。

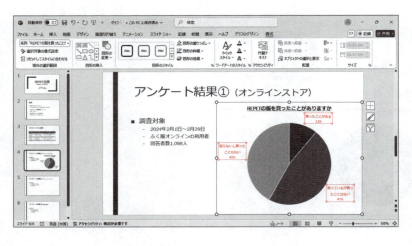

データラベルの表示位置が変更されます。
※グラフ以外の場所をクリックし、選択を解除しておきましょう。

STEP UP その他の方法(グラフ要素の書式設定)

◆グラフ要素を右クリック→《((グラフ要素名))の書式設定》

STEP 5 グラフのもとになるデータを修正する

1 グラフのコピー

同じようなグラフを作成する場合、グラフをコピーして、そのグラフを編集すると効率的です。
スライド4に作成したグラフを、スライド5にコピーしましょう。

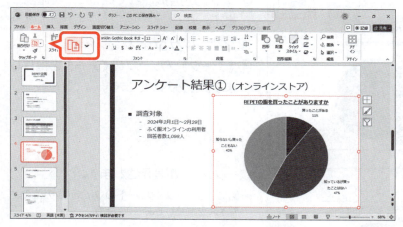

コピー元を選択します。
①スライド4を選択します。
グラフを選択します。
②グラフ内をクリックします。
③グラフの周囲の枠線をクリックします。
④《ホーム》タブを選択します。
⑤《クリップボード》グループの《コピー》をクリックします。

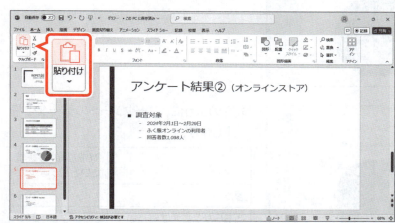

コピー先を指定します。
⑥スライド5を選択します。
⑦《クリップボード》グループの《貼り付け》をクリックします。

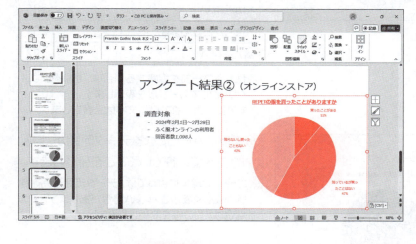

グラフがコピーされます。

POINT　グラフの削除

スライド上に作成したグラフを削除するには、グラフの枠線をクリックして Delete を押します。

2 グラフのもとになるデータの修正

作成したグラフのもとになるデータを修正するには、ワークシートを再表示して、データを入力しなおします。
スライド5にコピーしたグラフのデータを修正し、グラフを更新しましょう。

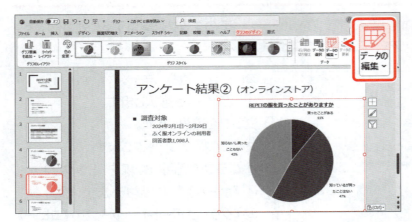

①スライド5が選択されていることを確認します。
②グラフが選択されていることを確認します。
③《グラフのデザイン》タブを選択します。
④《データ》グループの《データを編集します》をクリックします。

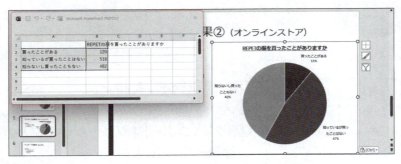

ワークシートが表示されます。
※図のように、ワークシートのウィンドウの位置とサイズを調整しておきましょう。

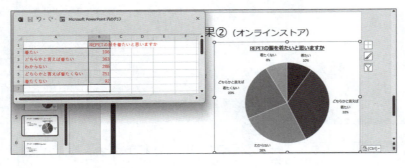

⑤次のように、ワークシートのデータを修正します。

	REPETの服を着たいと思いますか
着たい	106
どちらかと言えば着たい	363
わからない	286
どちらかと言えば着たくない	251
着たくない	92

※セル内の一部を編集する場合は、セルをダブルクリックしてカーソルを表示します。
※すでに入力されている文字は上書きします。

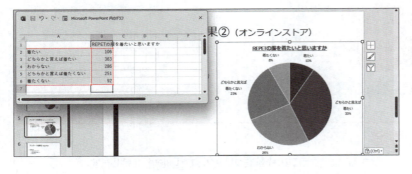

⑥グラフのもとになるデータ範囲が、自動的に調整されていることを確認します。
※お使いの環境によっては、データ範囲を囲む枠線が正しく表示されない場合があります。その場合は、列の幅を変更してみましょう。

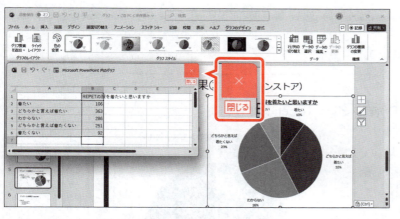

⑦ワークシートのウィンドウの《閉じる》をクリックします。

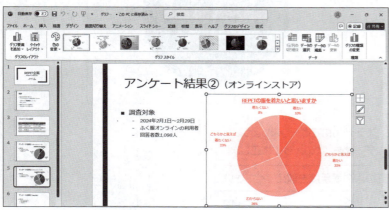

入力したデータに応じて、グラフが更新されます。

STEP UP **Excelでデータを編集**

ワークシートの《Microsoft Excelでデータを編集》をクリックすると、Excelが起動するので、Excelウィンドウでグラフの元データを編集できます。

《Microsoft Excelでデータを編集》

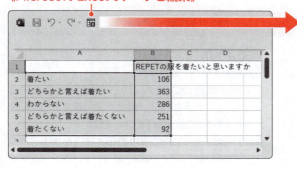

STEP UP **データ範囲の調整**

グラフのデータ範囲が意図するとおりに表示されない場合は、Excelを起動し、Excelウィンドウで ■ をドラッグして、データ範囲の終了位置を正確に設定します。

グラフのデータ範囲の終了位置を示す

ためしてみよう

次のようにスライドを編集しましょう。

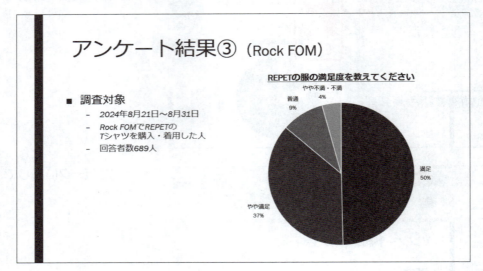

① スライド5に作成したグラフを、スライド6にコピーしましょう。
② スライド6にコピーしたグラフのデータを、次のように修正しましょう。

	REPETの服の満足度を教えてください
満足	342
やや満足	253
普通	65
やや不満・不満	29

③ スライド6にコピーしたグラフの色を《モノクロパレット6》に変更しましょう。

①

① スライド5を選択
② グラフを選択
③《ホーム》タブを選択
④《クリップボード》グループの《コピー》をクリック
⑤ スライド6を選択
⑥《クリップボード》グループの《貼り付け》をクリック

②

① スライド6を選択
② グラフを選択
③《グラフのデザイン》タブを選択
④《データ》グループの《データを編集します》クリック
⑤ データを修正

⑥ 行番号【6】を右クリック
⑦《削除》をクリック
※お使いの環境によっては、データ範囲を囲む枠線が正しく表示されない場合があります。その場合は、列の幅を変更してみましょう。
⑧ ワークシートのウィンドウの《閉じる》をクリック

③

① スライド6を選択
② グラフを選択
③《グラフのデザイン》タブを選択
④《グラフスタイル》グループの《グラフクイックカラー》をクリック
⑤《モノクロ》の《モノクロパレット6》をクリック

※プレゼンテーションに「グラフの作成完成」と名前を付けて、フォルダー「第4章」に保存し、閉じておきましょう。

練習問題

OPEN
第4章練習問題

あなたは、社員の健康推進をサポートする業務を担当しており、「全社ウォーキングイベント企画」のプレゼンテーションを作成しています。ここでは、社内アンケートの調査結果のスライドを作成します。
完成図のようなスライドを作成しましょう。

●完成図

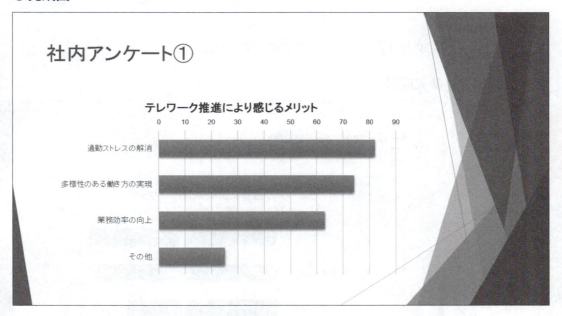

① スライド7に、社内アンケートの結果を表す集合横棒グラフを作成しましょう。
次のデータをもとに作成します。

	テレワーク推進により感じるメリット
通勤ストレスの解消	82
多様性のある働き方の実現	74
業務効率の向上	63
その他	25

※列の幅を広げて、入力した文字が確認できるようにしておきましょう。

HINT ワークシートの列を削除するには、列番号をドラッグして選択→選択した列番号を右クリック→《削除》を使います。

② 完成図を参考に、グラフのサイズと位置を調整しましょう。

③ 凡例を非表示にしましょう。

④ グラフの色を「**モノクロパレット3**」に設定しましょう。
次に、グラフにスタイル「**スタイル13**」を適用しましょう。

⑤ 項目軸のフォントサイズを「**14**」にしましょう。

⑥ グラフの項目が、上から「**通勤ストレスの解消**」「**多様性のある働き方の実現**」「**業務効率の向上**」「**その他**」と並ぶように項目の順番を反転しましょう。

HINT 項目の順番を反転するには、項目軸を選択→《書式》タブ→《現在の選択範囲》グループの《選択対象の書式設定》→《軸のオプション》を使います。

完成図のようなスライドを作成しましょう。

●完成図

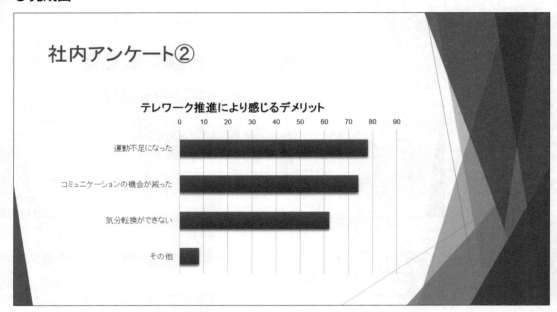

⑦ スライド7に作成したグラフを、スライド8にコピーしましょう。

⑧ スライド8にコピーしたグラフのデータを、次のように修正しましょう。

	テレワーク推進により感じるデメリット
運動不足になった	78
コミュニケーションの機会が減った	74
気分転換ができない	62
その他	8

※列の幅を広げて、入力した文字が確認できるようにしておきましょう。

⑨ グラフの色を「**モノクロパレット4**」に設定しましょう。

※プレゼンテーションに「**第4章練習問題完成**」と名前を付けて、フォルダー「**第4章**」に保存し、閉じておきましょう。

第 5 章

図形やSmartArt
グラフィックの作成

この章で学ぶこと ……………………………………………………… 100
STEP 1 作成するスライドを確認する ……………………………… 101
STEP 2 図形を作成する ……………………………………………… 102
STEP 3 図形に書式を設定する ……………………………………… 107
STEP 4 SmartArtグラフィックを作成する ……………………… 112
STEP 5 SmartArtグラフィックに書式を設定する ……………… 119
STEP 6 箇条書きテキストをSmartArtグラフィックに変換する … 122
練習問題 ……………………………………………………………… 126

この章で学ぶこと

学習前に習得すべきポイントを理解しておき、
学習後には確実に習得できたかどうかを振り返りましょう。

- ■ 図形を作成できる。 → P.102 ☑☑☑
- ■ 図形内に文字を追加できる。 → P.104 ☑☑☑
- ■ 図形の位置やサイズを調整できる。 → P.105 ☑☑☑
- ■ 図形にスタイルを適用して、図形のデザインを変更できる。 → P.107 ☑☑☑
- ■ 図形内のすべての文字に書式を設定したり、図形内の一部の文字だけに書式を設定したりできる。 → P.108 ☑☑☑
- ■ 図形をコピーできる。 → P.110 ☑☑☑
- ■ SmartArtグラフィックを作成できる。 → P.112 ☑☑☑
- ■ テキストウィンドウを使って、SmartArtグラフィックに文字を入力できる。 → P.114 ☑☑☑
- ■ SmartArtグラフィックの図形を追加したり、削除したりできる。 → P.115 ☑☑☑
- ■ SmartArtグラフィックの位置やサイズを調整できる。 → P.117 ☑☑☑
- ■ SmartArtグラフィックにスタイルを適用して、SmartArtグラフィック全体のデザインを変更できる。 → P.119 ☑☑☑
- ■ SmartArtグラフィック内の一部の図形に書式を設定できる。 → P.120 ☑☑☑
- ■ 箇条書きテキストをSmartArtグラフィックに変換できる。 → P.122 ☑☑☑
- ■ SmartArtグラフィックのレイアウトを変更できる。 → P.124 ☑☑☑

STEP 1 作成するスライドを確認する

1 作成するスライドの確認

次のようなスライドを作成しましょう。

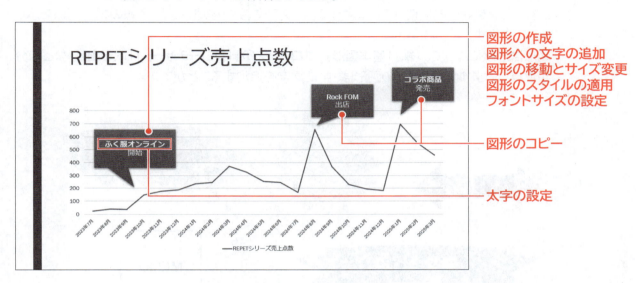

図形の作成
図形への文字の追加
図形の移動とサイズ変更
図形のスタイルの適用
フォントサイズの設定

図形のコピー

太字の設定

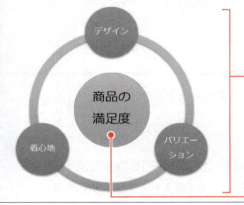

SmartArtグラフィックの作成
SmartArtグラフィックの移動とサイズ変更
SmartArtグラフィックのスタイルの適用
図形の追加と削除

図形のスタイルの適用
フォントサイズの設定

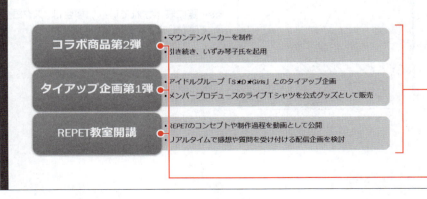

箇条書きテキストを
SmartArtグラフィックに変換
SmartArtグラフィックのレイアウトの変更
SmartArtグラフィックのスタイルの適用

図形の書式設定

STEP 2 図形を作成する

1 図形

PowerPointには、豊富な**「図形」**が用意されており、スライド上に簡単に配置することができます。図形を効果的に使うことによって、特定の情報を強調したり、情報の相互関係を示したりできます。
図形は形状によって、**「線」**「**基本図形**」「**ブロック矢印**」「**フローチャート**」「**吹き出し**」などに分類されています。**「線」**以外の図形は、中に文字を追加することができます。

2 図形の作成

スライド8に**「吹き出し：四角形」**の図形を作成しましょう。

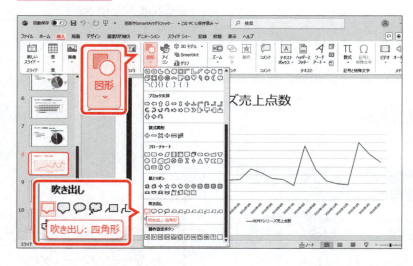

① スライド8を選択します。
② 《**挿入**》タブを選択します。
③ 《**図**》グループの《**図形**》をクリックします。
④ 《**吹き出し**》の《**吹き出し：四角形**》をクリックします。
※一覧に表示されていない場合は、スクロールして調整します。

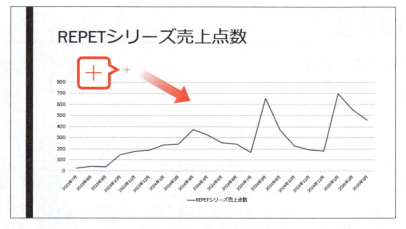

マウスポインターの形が╋に変わります。
⑤図のようにドラッグします。

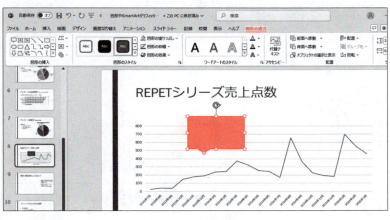

図形が作成されます。
※図形にはスタイルが適用されています。
⑥図形の周囲に実線と○（ハンドル）が表示され、図形が選択されていることを確認します。
リボンに《図形の書式》タブが表示されます。

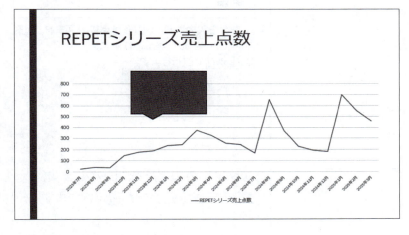

⑦図形以外の場所をクリックします。
図形の選択が解除されます。

STEP UP　その他の方法（図形の作成）

◆《ホーム》タブ→《図形描画》グループの《図形》

POINT　《図形の書式》タブ

図形が選択されているとき、リボンに《図形の書式》タブが表示され、図形に関するコマンドが使用できる状態になります。

POINT　図形の削除

図形を削除する方法は、次のとおりです。
◆図形を選択→ Delete

3 図形への文字の追加

作成した図形に、次の文字を追加しましょう。

```
ふく服オンライン Enter
開始
```

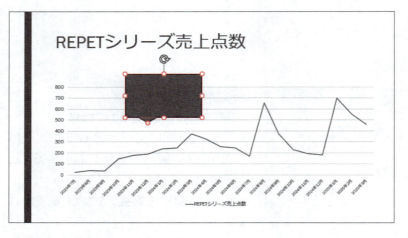

図形を選択します。
①図形をクリックします。
図形が実線で囲まれ、周囲に〇（ハンドル）が表示されます。

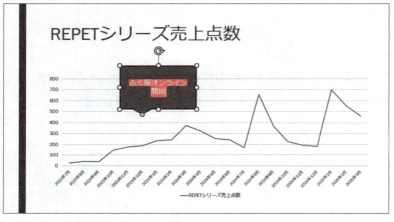

②次の文字を入力します。

```
ふく服オンライン Enter
開始
```

※文字を入力すると、図形が点線で囲まれ、図形内にカーソルが表示されます。
※ Enter で改行します。

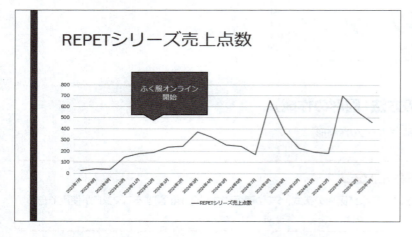

③図形以外の場所をクリックします。
図形に入力した文字が確定されます。

4 図形の移動とサイズ変更

スライドに作成した図形は、移動したりサイズを変更したりできます。
図形を移動するには、図形の輪郭をドラッグします。
図形のサイズを変更するには、周囲の〇（ハンドル）をドラッグします。
図形の位置とサイズを調整しましょう。

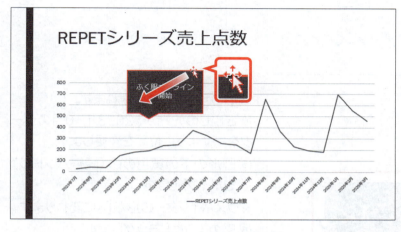

図形を移動します。
①図形の輪郭をポイントします。
マウスポインターの形が に変わります。
②図のようにドラッグします。

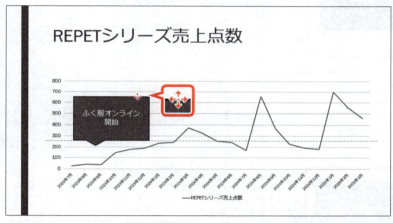

ドラッグ中、マウスポインターの形が に変わります。

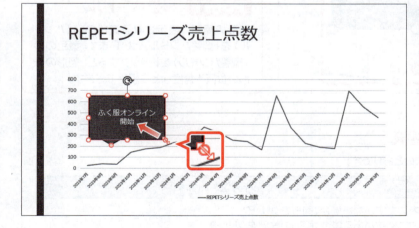

図形が移動します。
図形のサイズを変更します。
③図形の右下の〇（ハンドル）をポイントします。
マウスポインターの形が に変わります。
④図のようにドラッグします。

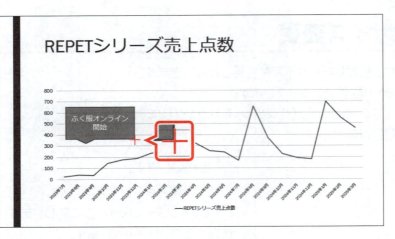

ドラッグ中、マウスポインターの形が ✛ に変わります。

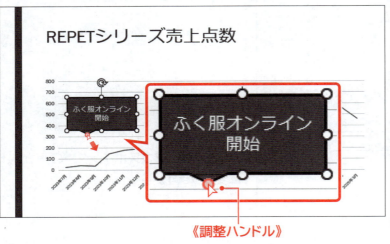

図形のサイズが変更されます。
吹き出しの先端が、2023年10月のデータを指すように位置を変更します。

⑤図形の下の黄色の○（調整ハンドル）をポイントします。

マウスポインターの形が に変わります。

⑥図のようにドラッグします。

《調整ハンドル》

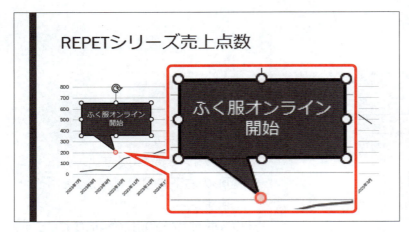

吹き出しの先端の位置が変更されます。

POINT　調整ハンドル

図形の周囲に表示される黄色の○（ハンドル）を「調整ハンドル」といいます。黄色の○（調整ハンドル）をドラッグすると、図形の一部の位置や角度などを調整できます。

POINT　図形の選択

図形を選択する方法は、次のとおりです。

選択対象	操作方法
図形全体	図形内に文字がない場合：図形をクリック 図形内に文字がある場合：図形の輪郭をクリック
図形内の文字	図形内の文字をドラッグ
複数の図形	1つ目の図形をクリック→ Shift を押しながら、2つ目以降の図形をクリック

STEP 3 図形に書式を設定する

1 図形のスタイルの適用

「**図形のスタイル**」とは、図形を装飾するための書式の組み合わせです。塗りつぶし・枠線・効果などが設定されており、図形の体裁を瞬時に整えられます。
作成した図形には、自動的にスタイルが適用されますが、あとからスタイルの種類を変更することもできます。
図形にスタイル「**光沢-赤、アクセント6**」を適用しましょう。

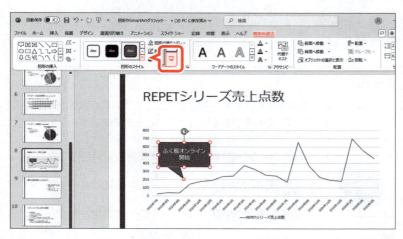

①図形が選択されていることを確認します。
②《**図形の書式**》タブを選択します。
③《**図形のスタイル**》グループの▼をクリックします。

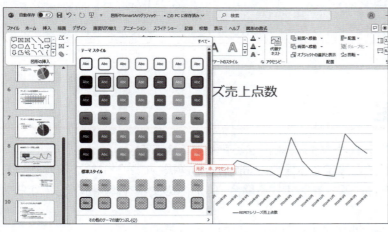

④《**テーマスタイル**》の《**光沢-赤、アクセント6**》をクリックします。
※一覧をポイントすると、設定後のイメージを画面で確認できます。

図形にスタイルが適用されます。

STEP UP その他の方法（図形のスタイルの適用）

◆図形を選択→《ホーム》タブ→《図形描画》グループの《図形クイックスタイル》

STEP UP スケッチスタイル

「スケッチスタイル」を使うと、図形の枠線を手書き風にアレンジできます。やわらかい印象を出したい場合や、下書きの図形であることを表したい場合など、使い方が広がります。
図形の枠線にスケッチスタイルを適用する方法は、次のとおりです。

◆図形を選択→《図形の書式》タブ→《図形のスタイル》グループの《図形の枠線》→《スケッチ》の▶→一覧から選択

POINT 図形のスタイル

図形のスタイルは、塗りつぶし・枠線・効果で構成されています。《図形の書式》タブの《図形のスタイル》グループのボタンを使うと、まとめて設定することも、それぞれ個別に設定することもできます。

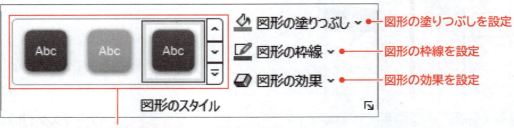

2 図形の書式設定

図形内の文字は、フォントやフォントサイズ、配置などを変更できます。
図形内のすべての文字に書式を設定する場合、図形全体を選択してからコマンドを実行します。図形内の一部の文字だけに書式を設定する場合、図形内の文字を範囲選択してからコマンドを実行します。
図形内のすべての文字のフォントサイズを「**16**」に設定しましょう。
次に、「**ふく服オンライン**」だけを太字に設定しましょう。

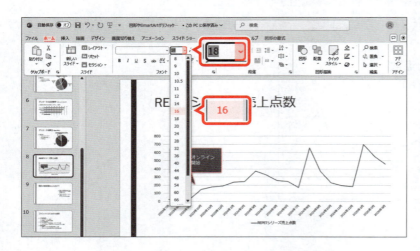

①図形が選択されていることを確認します。
②《ホーム》タブを選択します。
③《フォント》グループの《フォントサイズ》の▼をクリックします。
④《16》をクリックします。

※一覧をポイントすると、設定後のイメージを画面で確認できます。

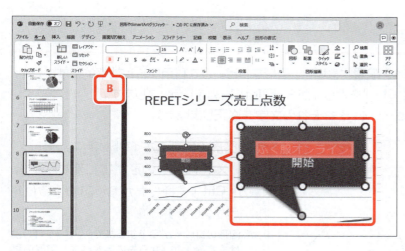

図形内のすべての文字のフォントサイズが変更されます。

⑤「ふく服オンライン」をドラッグします。
※マウスポインターの形が I の状態でドラッグします。
⑥《フォント》グループの《太字》をクリックします。

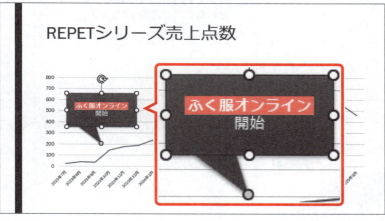

選択した文字に、太字が設定されます。
※図形の輪郭をクリックして文字の選択を解除し、設定を確認しておきましょう。
※文字列が折り返した場合は、図形のサイズを調整しておきましょう。

POINT　図形の枠線

図形内の文字をクリックすると、カーソルが表示され、枠線が点線になります。この状態のとき、文字を入力したり文字の一部の書式を変更したりできます。
図形の輪郭をクリックすると、図形が選択され、枠線が実線になります。この状態のとき、図形内のすべての文字に書式を設定できます。

●図形内にカーソルがある状態　　　　　　●図形が選択されている状態

STEP UP　太字の解除

太字を解除するには、解除する範囲を選択して《太字》を再度クリックします。設定が解除されると、ボタンが濃い灰色から標準の色に戻ります。

109

3 図形のコピー

スライドに複数の同じ図形を配置する場合、図形をコピーして利用すると効率的です。
図形をコピーするには、Ctrl を押しながら、図形の輪郭をドラッグします。
吹き出しの図形を2つコピーして、それぞれの文字を修正しましょう。

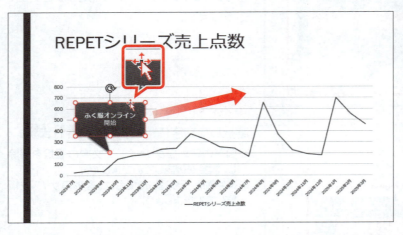

① 図形の輪郭をポイントします。
マウスポインターの形が に変わります。
② Ctrl を押しながら、図のようにドラッグします。
※図形のコピーが完了するまで Ctrl を押し続けます。 Ctrl から先に手を離すと図形の移動になるので注意しましょう。

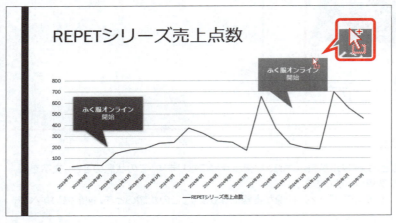

ドラッグ中、マウスポインターの形が に変わります。

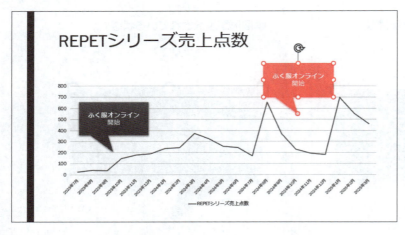

図形がコピーされます。

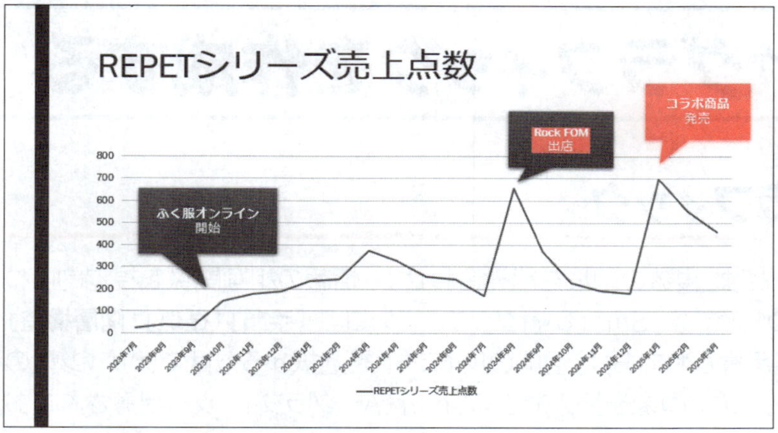

③同様に、もう1つ図形をコピーします。
④次のように、それぞれの図形の文字を修正します。

中央の吹き出し

Rock␣FOM Enter
出店

右側の吹き出し

コラボ商品 Enter
発売

※英字は半角で入力します。
※␣は半角空白を表します。
※Enterで改行します。
※2行目が太字になった場合は、解除しておきましょう。
※図のように、図形の位置とサイズ、吹き出しの先端の位置を調整しておきましょう。
⑤図形以外の場所をクリックし、選択を解除します。

Let's Try ためしてみよう

完成図を参考に、スライド6に図形を作成しましょう。

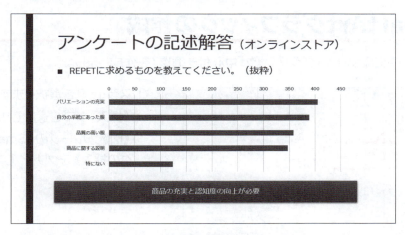

① 完成図を参考に、「正方形/長方形」の図形を作成しましょう。
② 図形に、「商品の充実と認知度の向上が必要」と文字を追加しましょう。
③ 図形に、スタイル「光沢-アクア、アクセント1」を適用しましょう。

①
① スライド6を選択
②《挿入》タブを選択
③《図》グループの《図形》をクリック
④《四角形》の《正方形/長方形》をクリック
⑤ 始点から終点までドラッグ

②
① 図形を選択
② 文字を入力

③
① 図形を選択
②《図形の書式》タブを選択
③《図形のスタイル》グループの をクリック
④《テーマスタイル》の《光沢-アクア、アクセント1》
  （左から2番目、上から6番目）をクリック

111

STEP 4 SmartArtグラフィックを作成する

1 SmartArtグラフィック

「**SmartArtグラフィック**」とは、複数の図形を組み合わせて、情報の相互関係を視覚的にわかりやすく表現した図解のことです。SmartArtグラフィックには、「**手順**」「**循環**」「**階層構造**」「**集合関係**」などの種類が用意されており、目的のレイアウトを選択するだけでデザイン性の高い図解を作成できます。また、画像を挿入できるSmartArtグラフィックも用意されており、表現力のあるスライドに仕上げることができます。

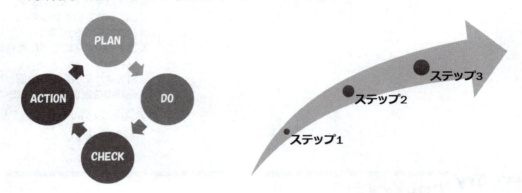

2 SmartArtグラフィックの作成

スライド9にSmartArtグラフィック「**中心付き循環**」を作成しましょう。

①スライド9を選択します。
②《**挿入**》タブを選択します。
③《**図**》グループの《**SmartArtグラフィックの挿入**》をクリックします。

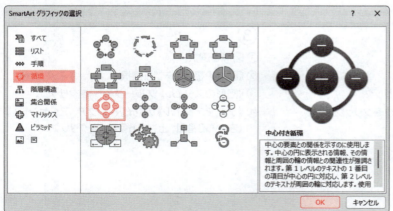

《**SmartArtグラフィックの選択**》ダイアログボックスが表示されます。

④左側の一覧から《**循環**》を選択します。
⑤中央の一覧から《**中心付き循環**》を選択します。

右側に選択したSmartArtグラフィックの説明が表示されます。

⑥《**OK**》をクリックします。

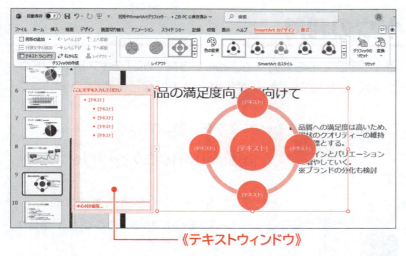

《テキストウィンドウ》

SmartArtグラフィックが作成され、テキストウィンドウが表示されます。

※SmartArtグラフィックにはスタイルが適用されています。
※テキストウィンドウが表示されていない場合は、SmartArtグラフィックを選択し、左側にある◀をクリックします。

⑦SmartArtグラフィックの周囲に枠線と○（ハンドル）が表示され、SmartArtグラフィックが選択されていることを確認します。

リボンに《SmartArtのデザイン》タブと《書式》タブが表示されます。

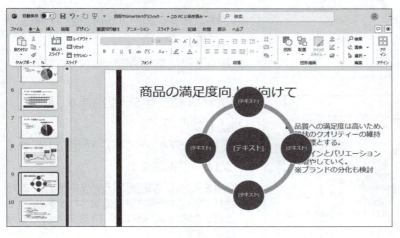

⑧SmartArtグラフィック以外の場所をクリックします。

SmartArtグラフィックの選択が解除されます。

POINT 《SmartArtのデザイン》タブと《書式》タブ

SmartArtグラフィックが選択されているとき、リボンに《SmartArtのデザイン》タブと《書式》タブが表示され、SmartArtグラフィックに関するコマンドが使用できる状態になります。

POINT テキストウィンドウの表示・非表示

SmartArtグラフィックを作成すると、初期の設定ではテキストウィンドウが表示されます。このテキストウィンドウを使うと効率よく文字を入力できます。
テキストウィンドウの表示・非表示を切り替える方法は、次のとおりです。
◆SmartArtグラフィックを選択→◀／▶

STEP UP プレースホルダーのアイコンを使ったSmartArtグラフィックの作成

コンテンツのプレースホルダーが配置されているスライドでは、プレースホルダーの《SmartArtグラフィックの挿入》をクリックして、SmartArtグラフィックを作成できます。

113

3 テキストウィンドウの利用

SmartArtグラフィックの図形に直接文字を入力することもできますが、「**テキストウィンドウ**」を使って文字を入力すると、図形の追加や削除、レベルの上げ下げなどを簡単に行うことができます。
テキストウィンドウを使って、SmartArtグラフィックに文字を入力しましょう。

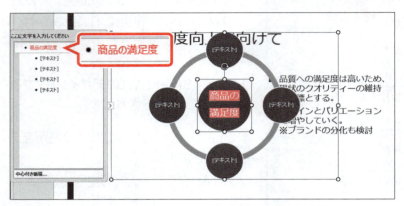

①SmartArtグラフィック内をクリックします。
テキストウィンドウが表示されます。
※テキストウィンドウが表示されていない場合は、表示しておきましょう。
最上位のレベルの文字を入力します。
②テキストウィンドウの1行目に「**商品の満足度**」と入力します。
中央の図形に文字が表示されます。

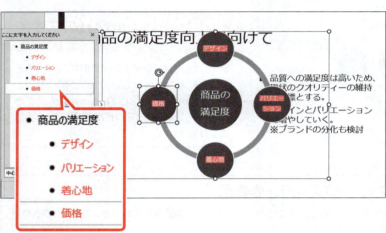

次のレベルに文字を入力します。
③⬇を押します。
④テキストウィンドウの2行目に「**デザイン**」と入力します。
※文字を入力し、確定後に Enter を押すと、改行されて新しい行頭文字が追加されます。誤って改行した場合は、《元に戻す》をクリックして元に戻します。
⑤同様に、テキストウィンドウの3～5行目にそれぞれ「**バリエーション**」「**着心地**」「**価格**」と入力します。
周囲の図形に文字が表示されます。

STEP UP 項目内の強制改行

テキストウィンドウの項目内で強制的に改行するには、改行位置にカーソルを移動して Shift + Enter を押します。

POINT SmartArtグラフィックの選択

SmartArtグラフィックの各部を選択する方法は、次のとおりです。

選択対象	操作方法
SmartArtグラフィック全体	SmartArtグラフィック内をクリック→周囲の枠線をクリック
SmartArtグラフィック内の図形	図形の輪郭をクリック
SmartArtグラフィック内の複数の図形	1つ目の図形の輪郭をクリック→ Shift を押しながら、2つ目以降の図形をクリック

4 図形の追加と削除

SmartArtグラフィックに図形を追加したり、SmartArtグラフィックから図形を削除したりするには、テキストウィンドウの文字を追加したり削除したりします。
SmartArtグラフィックとテキストウィンドウは連動しているので、テキストウィンドウ側で項目を追加・削除すると、SmartArtグラフィックの図形も追加・削除されます。逆に、SmartArtグラフィック側で図形を追加・削除すると、テキストウィンドウの項目も追加・削除されます。

1 図形の追加

SmartArtグラフィックに図形**「ストーリー性」**を追加しましょう。

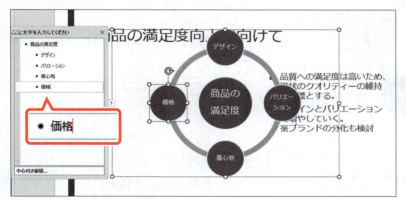

「価格」の下に項目を追加します。
①テキストウィンドウの**「価格」**のうしろにカーソルがあることを確認します。
②Enter を押します。

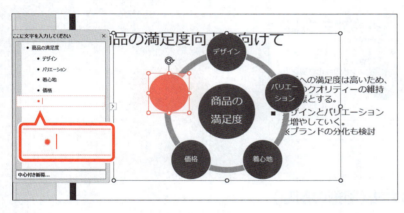

テキストウィンドウに項目が追加され、SmartArtグラフィックにも図形が追加されます。

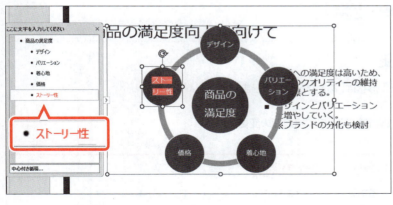

③新しく追加された行に**「ストーリー性」**と入力します。
追加した図形に、文字が表示されます。

STEP UP その他の方法（図形の追加）

◆SmartArtグラフィックの図形を選択→《SmartArtのデザイン》タブ→《グラフィックの作成》グループの《図形の追加》
◆SmartArtグラフィックの図形を右クリック→《図形の追加》

2 図形の削除

SmartArtグラフィックから図形**「価格」**と**「ストーリー性」**を削除しましょう。

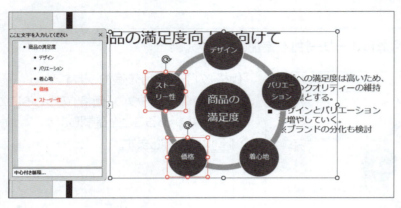

①図形**「ストーリー性」**の輪郭をクリックします。
②[Shift]を押しながら、図形**「価格」**をクリックします。
対応するテキストウィンドウの項目も選択されます。
③[Delete]を押します。

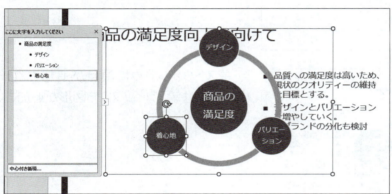

SmartArtグラフィックとテキストウィンドウから項目が削除されます。

STEP UP その他の方法（図形の削除）

◆テキストウィンドウの項目を選択→[Back Space]

STEP UP 図形の変更

SmartArtグラフィック内の図形の形状は、あとから変更できます。
図形の形状を変更する方法は、次のとおりです。
◆図形を選択→《書式》タブ→《図形》グループの《図形の変更》

POINT SmartArtグラフィックの削除

SmartArtグラフィックを削除する方法は、次のとおりです。
◆SmartArtグラフィックを選択→[Delete]

5 SmartArtグラフィックの移動とサイズ変更

スライドに作成したSmartArtグラフィックは、移動したりサイズを変更したりできます。
SmartArtグラフィックを移動するには、周囲の枠線をドラッグします。
SmartArtグラフィックのサイズを変更するには、周囲の枠線上にある〇（ハンドル）をドラッグします。
SmartArtグラフィックの位置とサイズを調整しましょう。

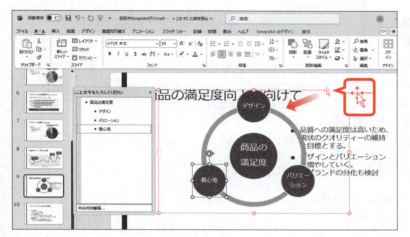

SmartArtグラフィックを移動します。
①SmartArtグラフィックの周囲に枠線が表示されていることを確認します。
②SmartArtグラフィックの周囲の枠線をポイントします。
マウスポインターの形が に変わります。
③図のようにドラッグします。

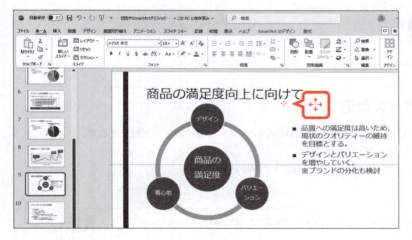

ドラッグ中、マウスポインターの形が に変わります。

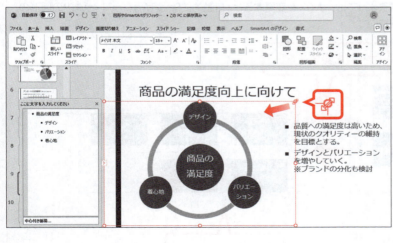

SmartArtグラフィックが移動します。
SmartArtグラフィックのサイズを変更します。
④SmartArtグラフィックの右上の〇（ハンドル）をポイントします。
マウスポインターの形が に変わります。
⑤図のようにドラッグします。

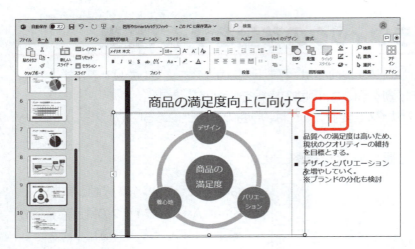

ドラッグ中、マウスポインターの形が＋に変わります。

SmartArtグラフィックのサイズが変更されます。

STEP UP 図形のサイズ変更

SmartArtグラフィック内の図形は、少しずつ拡大したり縮小したりして、サイズを微調整できます。
図形のサイズを微調整する方法は、次のとおりです。
◆図形を選択→《書式》タブ→《図形》グループの《拡大》／《縮小》

POINT SmartArtグラフィックのサイズ変更に伴うレイアウト変更

SmartArtグラフィックの種類によっては、サイズを変更すると、自動的にSmartArtグラフィック内の図形のレイアウトが変わるものがあります。

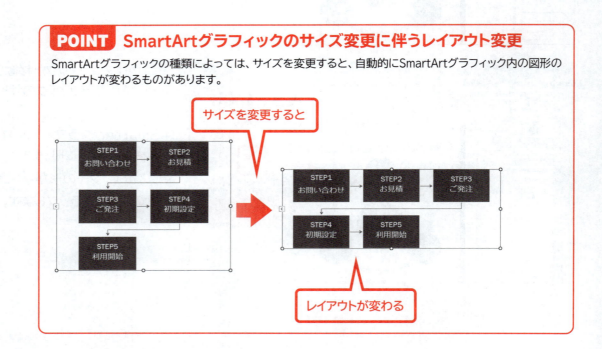

STEP 5 SmartArtグラフィックに書式を設定する

1 SmartArtグラフィックのスタイルの適用

「**SmartArtのスタイル**」とは、SmartArtグラフィックを装飾するための書式の組み合わせです。様々な色のパターンやデザインが用意されており、SmartArtグラフィックの見栄えを瞬時にアレンジできます。作成したSmartArtグラフィックには、自動的にスタイルが適用されますが、あとからスタイルの種類を変更することもできます。
SmartArtグラフィックに、色「**塗りつぶし-アクセント2**」とスタイル「**光沢**」を適用しましょう。

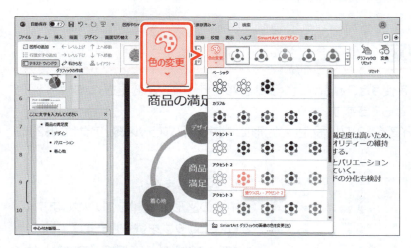

①SmartArtグラフィックを選択します。
②《**SmartArtのデザイン**》タブを選択します。
③《**SmartArtのスタイル**》グループの《**色の変更**》をクリックします。
④《**アクセント2**》の《**塗りつぶし-アクセント2**》をクリックします。
※一覧をポイントすると、設定後のイメージを画面で確認できます。

SmartArtグラフィックの色が変更されます。
⑤《**SmartArtのスタイル**》グループの▼をクリックします。

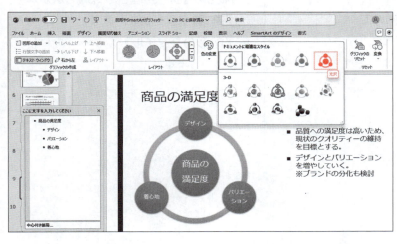

⑥《**ドキュメントに最適なスタイル**》の《**光沢**》をクリックします。
※一覧をポイントすると、設定後のイメージを画面で確認できます。

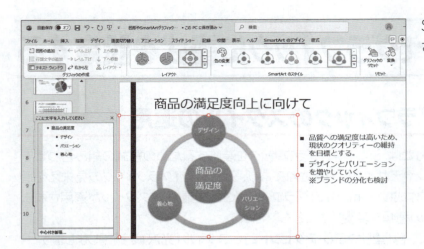

SmartArtグラフィックにスタイルが適用されます。

2 図形の書式設定

「SmartArtのスタイル」を使うと、SmartArtグラフィックのデザインが変更されますが、図形ごとに書式を設定することもできます。
中央の図形のフォントサイズを「**27**」に設定し、図形にスタイル「**パステル-緑、アクセント2**」を適用しましょう。

図形を選択します。
①中央の図形の輪郭をクリックします。
②《**ホーム**》タブを選択します。
③《**フォント**》グループの《**フォントサイズ**》のボックス内をクリックします。
④「**27**」と入力し、[Enter]を押します。

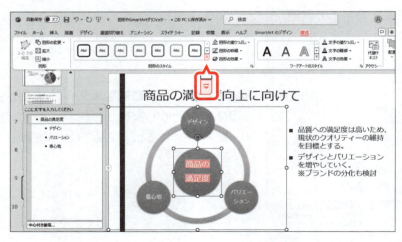

中央の図形のフォントサイズが変更されます。
※SmartArtグラフィックのサイズによっては、文字列の折り返し位置が図と異なる場合があります。
⑤《**書式**》タブを選択します。
⑥《**図形のスタイル**》グループの ▼ をクリックします。

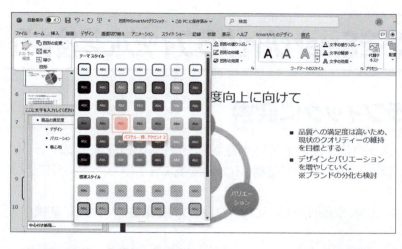

⑦《テーマスタイル》の《パステル-緑、アクセント2》をクリックします。

※一覧をポイントすると、設定後のイメージを画面で確認できます。

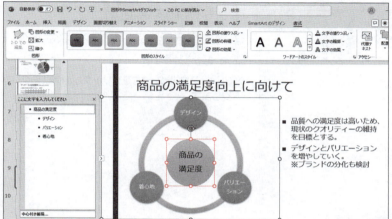

中央の図形にスタイルが適用されます。

POINT　フォントサイズの設定

《フォントサイズ》の一覧に設定したいフォントサイズがない場合は、フォントサイズのボックス内に直接入力します。

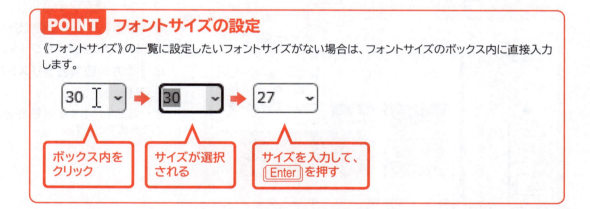

STEP UP　SmartArtグラフィックのリセット

SmartArtグラフィックに対する書式をすべてリセットし、初期の状態に戻す方法は、次のとおりです。
◆SmartArtグラフィックを選択→《SmartArtのデザイン》タブ→《リセット》グループの《グラフィックのリセット》

121

STEP 6 箇条書きテキストをSmartArtグラフィックに変換する

1 SmartArtグラフィックに変換

SmartArtグラフィックは、スライドに入力されている箇条書きテキストをもとに作成することもできます。SmartArtグラフィックの種類を確認しながら変換できるので、イメージに近い図解を簡単に作成できます。
スライド10の箇条書きテキストを、SmartArtグラフィック**「横方向箇条書きリスト」**に変換しましょう。

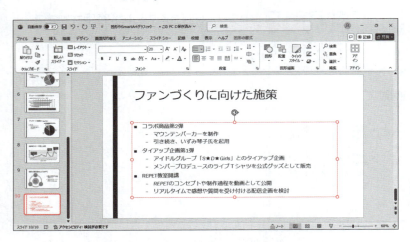

①スライド10を選択します。
②箇条書きテキストのプレースホルダーを選択します。
※プレースホルダー内をクリックし、枠線をクリックします。

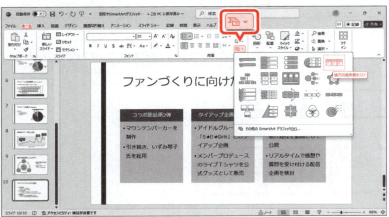

③《ホーム》タブを選択します。
④《段落》グループの《SmartArtグラフィックに変換》をクリックします。
⑤《横方向箇条書きリスト》をクリックします。
※一覧をポイントすると、設定後のイメージを画面で確認できます。

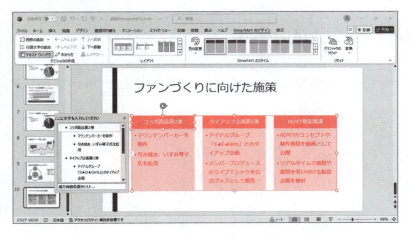

箇条書きテキストがSmartArtグラフィックに変換されます。

STEP UP SmartArtグラフィックをテキストまたは図形に変換

SmartArtグラフィックをテキストまたは図形に変換できます。
◆SmartArtグラフィックを選択→《SmartArtのデザイン》タブ→《リセット》グループの《SmartArtを図形またはテキストに変換》→《テキストに変換》/《図形に変換》

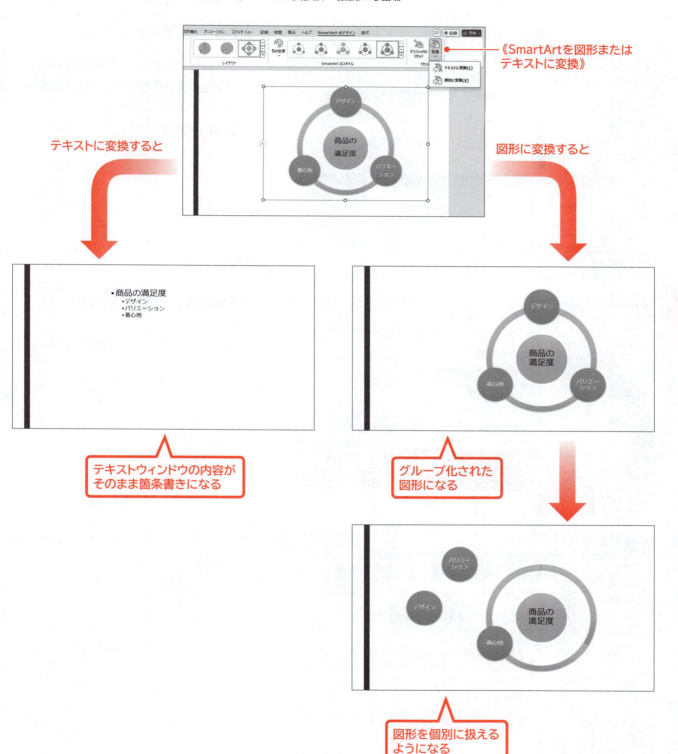

2 SmartArtグラフィックのレイアウトの変更

SmartArtグラフィックは、あとからレイアウトを変更できます。
レイアウトを変更しても、入力済みの文字はそのまま新しいレイアウトのSmartArtグラフィックに引き継がれます。
SmartArtグラフィックのレイアウトを「**縦方向ボックスリスト**」に変更しましょう。

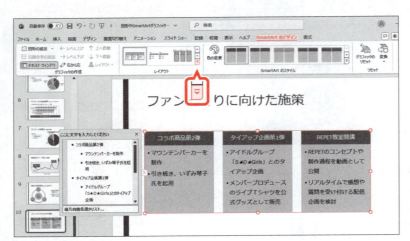

①SmartArtグラフィックを選択します。
②《**SmartArtのデザイン**》タブを選択します。
③《**レイアウト**》グループの をクリックします。

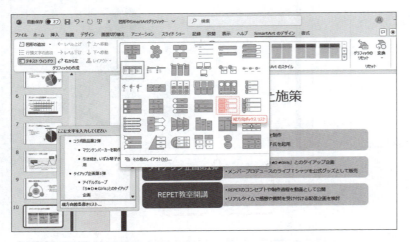

④《**縦方向ボックスリスト**》をクリックします。
※一覧をポイントすると、設定後のイメージを画面で確認できます。

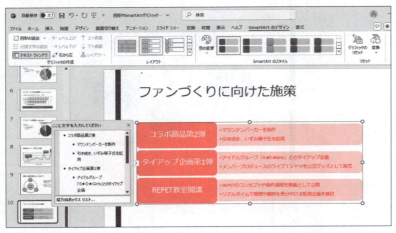

SmartArtグラフィックのレイアウトが変更されます。

STEP UP テキストウィンドウを使ったレベルの変更

SmartArtグラフィックの項目のレベルは、あとから変更できます。レベルを変更する場合は、テキストウィンドウを使うと効率的です。
テキストウィンドウ側で項目のレベルを変更すると、SmartArtグラフィックの図形に反映されます。

レベルを上げる
◆テキストウィンドウ内の項目にカーソルを移動→《SmartArtのデザイン》タブ→《グラフィックの作成》グループの《選択対象のレベル上げ》
◆テキストウィンドウ内の項目にカーソルを移動→ Shift + Tab

レベルを下げる
◆テキストウィンドウ内の項目にカーソルを移動→《SmartArtのデザイン》タブ→《グラフィックの作成》グループの《選択対象のレベル下げ》
◆テキストウィンドウ内の項目にカーソルを移動→ Tab

Let's Try ためしてみよう

次のようにスライドを編集しましょう。

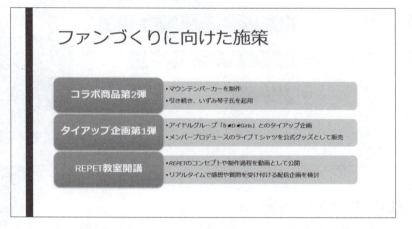

① SmartArtグラフィックに色「塗りつぶし-アクセント3」とスタイル「光沢」を適用しましょう。
② SmartArtグラフィックの「コラボ商品第2弾」「タイアップ企画第1弾」「REPET教室開講」の図形に、太字を設定しましょう。

Let's Try Answer

①
①SmartArtグラフィックを選択
②《SmartArtのデザイン》タブを選択
③《SmartArtのスタイル》グループの《色の変更》をクリック
④《アクセント3》の《塗りつぶし-アクセント3》(左から2番目)をクリック
⑤《SmartArtのスタイル》グループの をクリック
⑥《ドキュメントに最適なスタイル》の《光沢》をクリック

②
①1つ目の図形を選択
② Shift を押しながら、2つ目と3つ目の図形を選択
③《ホーム》タブを選択
④《フォント》グループの《太字》をクリック

※プレゼンテーションに「図形やSmartArtグラフィックの作成完成」と名前を付けて、フォルダー「第5章」に保存し、閉じておきましょう。

練習問題

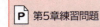 第5章練習問題

あなたは、社員の健康推進をサポートする業務を担当しており、「全社ウォーキングイベント企画」のプレゼンテーションを作成しています。ここでは、図形やSmartArtグラフィックを作成して、スライドの内容が直観的に伝わるようにします。
完成図のようなスライドを作成しましょう。

●完成図

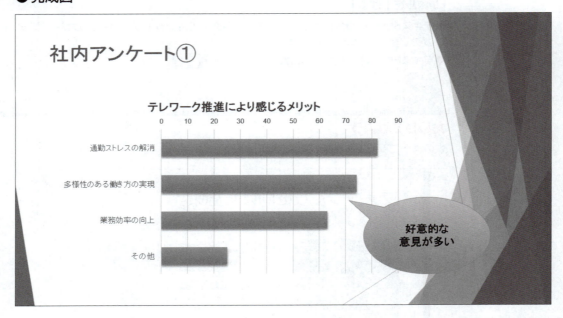

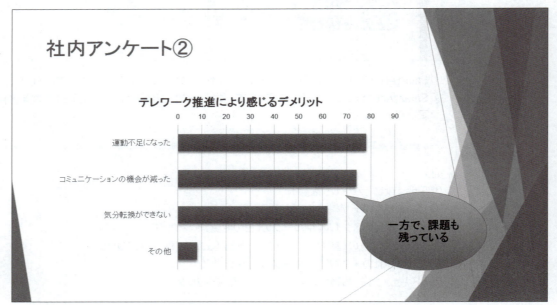

① 完成図を参考に、スライド7に**「吹き出し:円形」**の図形を作成し、**「好意的な意見が多い」**と文字を追加しましょう。**「好意的な」**のうしろで改行します。

② ①の図形のフォントサイズを**「20」**、太字に設定しましょう。
次に、図形にスタイル**「パステル-オレンジ、アクセント3」**を適用しましょう。

③ 完成図を参考に、①の図形の位置とサイズを調整しましょう。

④ ①の図形をスライド8にコピーし、**「一方で、課題も残っている」**と文字を修正しましょう。
「一方で、課題も」のうしろで改行します。

⑤ ④の図形に、スタイル**「パステル-灰色、アクセント4」**を適用しましょう。

完成図のようなスライドを作成しましょう。

●完成図

⑥ スライド9に、SmartArtグラフィック**「カード型リスト」**を作成しましょう。

(HINT) 《カード型リスト》は《リスト》に分類されます。

⑦ 完成図を参考に、テキストウィンドウを使ってSmartArtグラフィックに文字を入力しましょう。

(HINT) テキストウィンドウの不要な項目を削除するには、テキストウィンドウの項目を選択→[Back Space]を押します。

⑧ SmartArtグラフィックに、色**「カラフル-アクセント2から3」**とスタイル**「グラデーション」**を適用しましょう。

⑨ 完成図を参考に、SmartArtグラフィックの位置とサイズを調整しましょう。

完成図のようなスライドを作成しましょう。

● 完成図

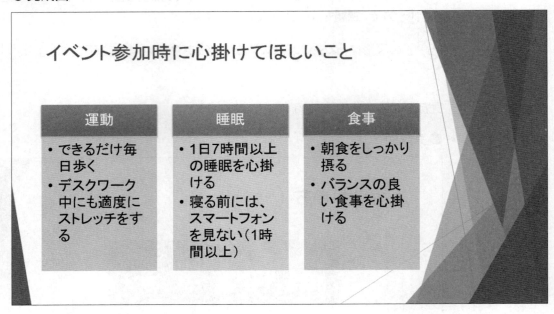

⑩ スライド10の箇条書きテキストを、SmartArtグラフィック**「横方向箇条書きリスト」**に変換しましょう。

⑪ SmartArtグラフィックに、色**「カラフル-アクセント2から3」**とスタイル**「グラデーション」**を適用しましょう。

※プレゼンテーションに「第5章練習問題完成」と名前を付けて、フォルダー「第5章」に保存し、閉じておきましょう。

第6章

画像やワードアートの挿入

この章で学ぶこと ………………………………………… 130
STEP1 作成するスライドを確認する ……………………… 131
STEP2 画像を挿入する ……………………………………… 132
STEP3 アイコンを挿入する …………………………………… 138
STEP4 ワードアートを挿入する ……………………………… 142
練習問題 …………………………………………………… 147

この章で学ぶこと

学習前に習得すべきポイントを理解しておき、
学習後には確実に習得できたかどうかを振り返りましょう。

- ■ スライドに画像を挿入できる。 → P.132
- ■ 画像の位置やサイズを調整できる。 → P.134
- ■ 画像にスタイルを適用して、画像のデザインを変更できる。 → P.136
- ■ 画像の明るさやコントラストを調整できる。 → P.137
- ■ スライドにアイコンを挿入できる。 → P.138
- ■ アイコンの位置やサイズを調整できる。 → P.140
- ■ アイコンの色を変更できる。 → P.141
- ■ スライドにワードアートを挿入できる。 → P.142
- ■ ワードアートを縦書きに変更できる。 → P.144
- ■ ワードアートのサイズを変更できる。 → P.145
- ■ ワードアートの位置を調整できる。 → P.145

STEP 1 作成するスライドを確認する

1 作成するスライドの確認

次のようなスライドを作成しましょう。

- 画像の挿入
- 画像の移動とサイズ変更
- 図のスタイルの適用
- 画像の明るさとコントラストの調整

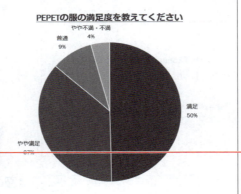

- アイコンの挿入
- アイコンの移動とサイズ変更
- アイコンの書式設定

- ワードアートの挿入
- 文字の方向の変更
- ワードアートのサイズ変更
- ワードアートの移動

STEP 2 画像を挿入する

1 画像

「画像」とは、写真やイラストをデジタル化したデータのことです。
スマートフォンで撮影したり、スキャナーで取り込んだりした画像を、PowerPointのスライドに挿入できます。PowerPointでは、画像を「図」ということもあります。
写真は、スライドの情報にリアリティを持たせることができます。
また、イラストは、スライドのアクセントになったり、プレゼンテーション全体に統一したイメージを持たせたりすることができます。

2 画像の挿入

スライド2に、フォルダー「第6章」の画像「クローゼット」を挿入しましょう。

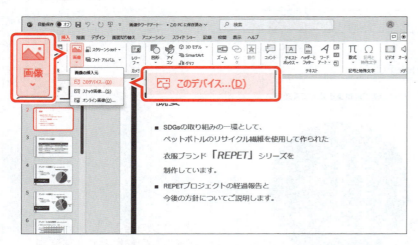

①スライド2を選択します。
②《挿入》タブを選択します。
③《画像》グループの《画像を挿入します》をクリックします。
④《このデバイス》をクリックします。

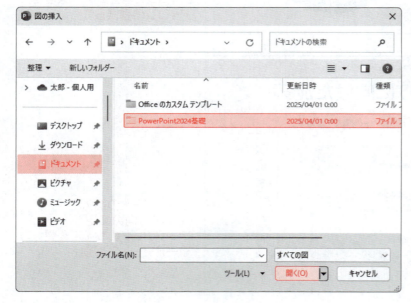

《図の挿入》ダイアログボックスが表示されます。
画像が保存されている場所を選択します。
⑤左側の一覧から《ドキュメント》を選択します。
⑥一覧から「PowerPoint2024基礎」を選択します。
⑦《開く》をクリックします。

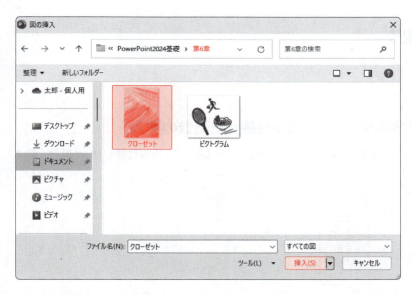

⑧一覧から「**第6章**」を選択します。
⑨《**開く**》をクリックします。
挿入する画像を選択します。
⑩一覧から「**クローゼット**」を選択します。
⑪《**挿入**》をクリックします。

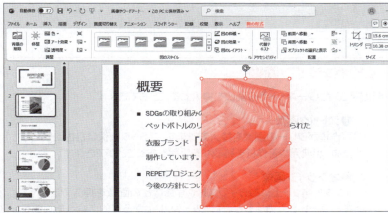

画像が挿入されます。
リボンに《**図の形式**》タブが表示されます。
※画像の下側に《代替テキスト…》が表示される場合があります。
⑫画像の周囲に○（ハンドル）が表示され、画像が選択されていることを確認します。
※○（ハンドル）が表示されていない場合は、画像をクリックしておきましょう。

POINT 《図の形式》タブ

画像が選択されているとき、リボンに《図の形式》タブが表示され、画像に関するコマンドが使用できる状態になります。

STEP UP 代替テキストの自動生成

「代替テキスト」は、音声読み上げソフトで画像の代わりに読み上げられる文字のことで、視覚に障がいのある方などが画像を判別しやすくなるように設定します。
お使いの環境によっては、画像を挿入すると、画像の下側に《代替テキスト…》が表示される場合があります。《承認》をクリックして自動生成された代替テキストを設定したり、《編集》をクリックして代替テキストを編集したりすることもできます。

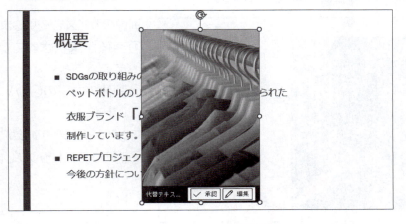

STEP UP 画像の削除

画像を削除する方法は、次のとおりです。
◆画像を選択→[Delete]

STEP UP プレースホルダーのアイコンを使った画像の挿入

コンテンツのプレースホルダーが配置されているスライドでは、プレースホルダー内の《図》をクリックして、画像を挿入することができます。

POINT ストック画像とオンライン画像

パソコンに保存されている画像以外に、インターネットから画像を挿入することもできます。

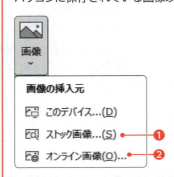

❶ストック画像
著作権がフリーの画像を挿入できます。ストック画像は自由に使えるため、出典元や著作権を確認する手間を省くことができます。

❷オンライン画像
インターネット上にあるイラストや写真などの画像を挿入できます。キーワードを入力すると、インターネット上から目的に合った画像を検索し、ダウンロードできます。
ただし、ほとんどの画像には著作権が存在するので、安易に文書に転用するのは禁物です。画像を転用する際には、画像を提供しているWebサイトで利用可否を確認する必要があります。

3 画像の移動とサイズ変更

画像は、スライド内で移動したりサイズを変更したりできます。
画像を移動するには、画像をドラッグします。
画像のサイズを変更するには、周囲の枠線上にある○(ハンドル)をドラッグします。
画像のサイズと位置を調整しましょう。

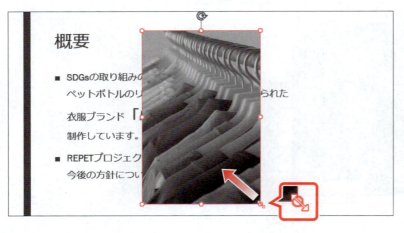

画像のサイズを変更します。
①画像が選択されていることを確認します。
②画像の右下の○(ハンドル)をポイントします。
マウスポインターの形が ↘ に変わります。
③図のようにドラッグします。

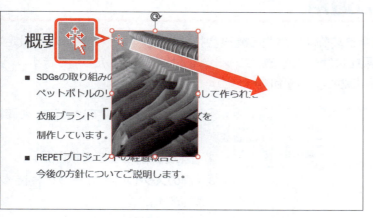

ドラッグ中、マウスポインターの形が╋に変わります。

画像のサイズが変更されます。
画像を移動します。
④画像をポイントします。
マウスポインターの形が変わります。
⑤図のようにドラッグします。

ドラッグ中、マウスポインターの形が✦に変わります。

画像が移動します。

STEP UP 画像の回転

画像は自由な角度に回転できます。
画像の上側に表示される をポイントし、マウスポインターの形が に変わったらドラッグします。

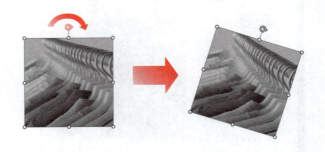

4 図のスタイルの適用

「図のスタイル」とは、画像を装飾する書式の組み合わせです。枠線や効果などが設定されており、影やぼかしの効果を付けたり、画像にフレームを付けて装飾したりできます。
画像に、スタイル**「四角形、ぼかし」**を適用しましょう。

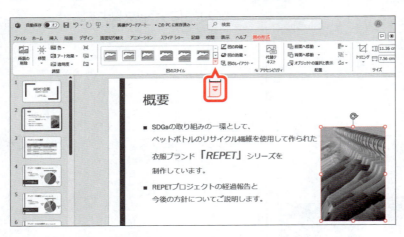

①画像が選択されていることを確認します。
②《図の形式》タブを選択します。
③《図のスタイル》グループの をクリックします。

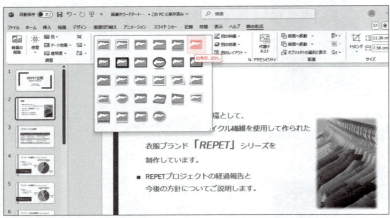

④《四角形、ぼかし》をクリックします。
※一覧をポイントすると、設定後のイメージを画面で確認できます。

画像にスタイルが適用されます。
※画像以外の場所をクリックし、選択を解除して、図のスタイルを確認しておきましょう。

5 画像の明るさとコントラストの調整

スライドに挿入した画像が暗い場合には明るくしたり、メリハリがない場合にはコントラストを高くしたりできます。また、モノクロやセピア調などに色合いを変更することもできます。
画像の明るさとコントラストをそれぞれ「+20%」に調整しましょう。

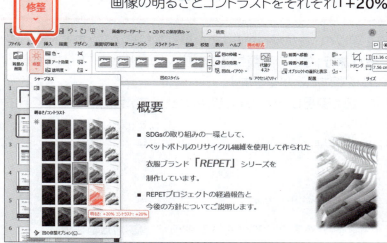

①画像を選択します。
②《図の形式》タブを選択します。
③《調整》グループの《修整》をクリックします。
④《明るさ/コントラスト》の《明るさ：+20% コントラスト：+20%》をクリックします。

※一覧をポイントすると、設定後のイメージを画面で確認できます。

画像の明るさとコントラストが調整されます。

STEP UP 画像の加工

《図の形式》タブ→《調整》グループでは、次のように画像を加工できます。

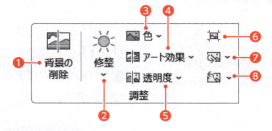

❶背景の削除
画像の背景の不要な部分を削除します。
❷修整
画像の明るさやコントラスト、鮮明度を調整します。
❸色
画像の彩度、トーン、色味などを調整します。
❹アート効果
線画、マーカー、ぼかしなどの特殊効果を画像に加えます。
❺透明度
画像の透明度を調整します。

❻図の圧縮
圧縮に関する設定や印刷用・画面用・電子メール用など、用途に応じて画像の解像度を調整します。
❼図の変更
現在、挿入されている画像を別の画像に置き換えます。設定されている書式やサイズは、そのまま保持されます。
❽図のリセット
設定した書式や変更したサイズをリセットして、画像を元の状態に戻します。

137

STEP 3 アイコンを挿入する

1 アイコン

「アイコン」とは、ひと目で何を表しているかがわかるような単純な絵柄のことです。アイコンは、「**人物**」「**ビジネス**」「**アート**」「**旅行**」などの種類ごとに絞り込んだり、キーワードで検索したりして、用途に応じたアイコンを探すことができます。
アイコンは、図形と同じように、色を変更したり効果を適用したりして、目的に合わせて自由に編集できます。

キーワードを入力して検索

種類ごとに絞り込む

2 アイコンの挿入

スライド7に、手のアイコンを挿入しましょう。
※インターネットに接続している状態で操作します。

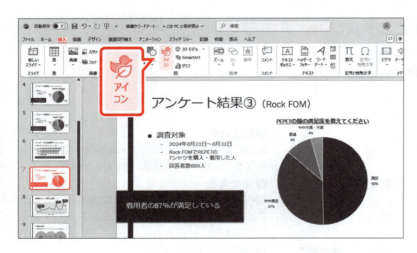

①スライド7を選択します。
②《**挿入**》タブを選択します。
③《**図**》グループの《**アイコンの挿入**》をクリックします。

《アイコン》が表示されます。

④検索のボックスに**「手」**と入力します。

⑤図のアイコンをクリックします。

※アイコンは定期的に更新されているため、図と同じアイコンが表示されない場合があります。その場合は、任意のアイコンを選択しましょう。

アイコンに ✓ が表示されます。

⑥《挿入》をクリックします。

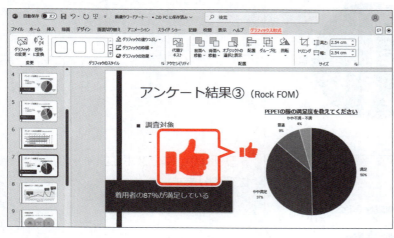

アイコンが挿入されます。
リボンに《グラフィックス形式》タブが表示されます。

> **POINT** 《グラフィックス形式》タブ
>
> アイコンが選択されているとき、リボンに《グラフィックス形式》タブが表示され、アイコンに関するコマンドが使用できる状態になります。

> **POINT** アイコンの削除
>
> アイコンを削除する方法は、次のとおりです。
> ◆アイコンを選択→ Delete

STEP UP 複数のアイコンの挿入

複数のアイコンを一度に挿入するには、アイコンを続けてクリックします。挿入するアイコンすべてに ✓ が表示されたことを確認してから《挿入》をクリックします。

3 アイコンの移動とサイズ変更

スライドに挿入したアイコンは、移動したりサイズを変更したりできます。
アイコンを移動するには、アイコンをドラッグします。
アイコンのサイズを変更するには、周囲の〇（ハンドル）をドラッグします。
アイコンの位置とサイズを調整しましょう。

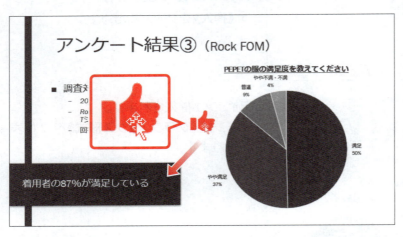

アイコンを移動します。
①アイコンをポイントします。
マウスポインターの形が に変わります。
②図のようにドラッグします。

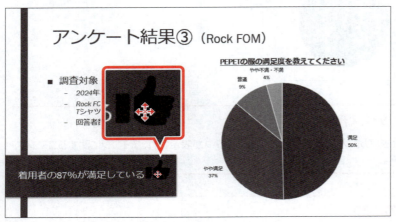

ドラッグ中、マウスポインターの形が に変わります。

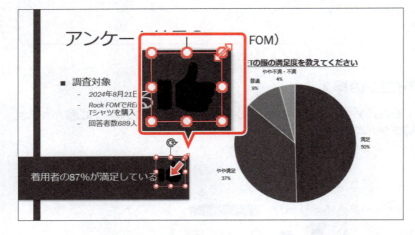

アイコンが移動します。
アイコンのサイズを変更します。
③アイコンの右上の〇（ハンドル）をポイントします。
マウスポインターの形が に変わります。
④図のようにドラッグします。

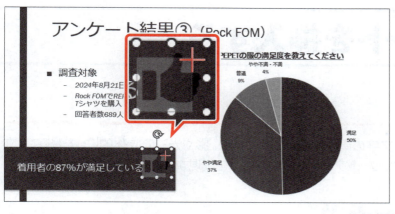

ドラッグ中、マウスポインターの形が ✛ に変わります。

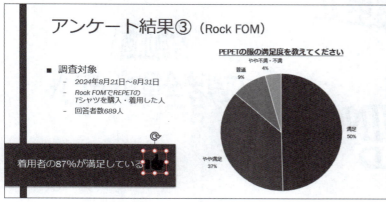

アイコンのサイズが変更されます。

4 アイコンの書式設定

アイコンは図形と同じように、色、効果などの書式を設定できます。
挿入したアイコンに、塗りつぶしの色「**白、背景1**」を設定しましょう。

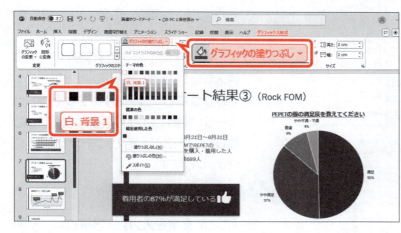

①アイコンが選択されていることを確認します。
②《**グラフィックス形式**》タブを選択します。
③《**グラフィックのスタイル**》グループの《**グラフィックの塗りつぶし**》の▼をクリックします。
④《**テーマの色**》の《**白、背景1**》をクリックします。
※一覧をポイントすると、設定後のイメージを画面で確認できます。

アイコンに書式が設定されます。

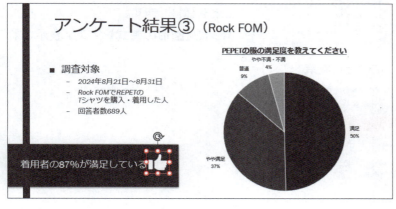

141

STEP 4 ワードアートを挿入する

1 ワードアート

「ワードアート」を使うと、文字の周囲に輪郭を付けたり、影や光彩で立体的にしたりして、文字を簡単に装飾できます。ワードアートを使って文字を表現すると、見る人にインパクトを与えることができます。

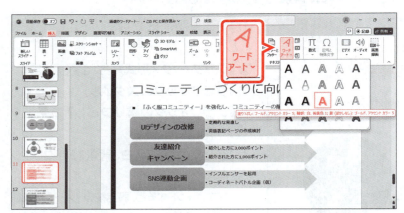

2 ワードアートの挿入

スライド11にワードアートを使って**「利用者数の増加」**という文字を挿入しましょう。
ワードアートのスタイルは**「塗りつぶし：ゴールド、アクセントカラー5；輪郭：白、背景色1；影（ぼかしなし）：ゴールド、アクセントカラー5」**にします。

①スライド11を選択します。
②《挿入》タブを選択します。
③《テキスト》グループの《ワードアートの挿入》をクリックします。
④《塗りつぶし：ゴールド、アクセントカラー5；輪郭：白、背景色1；影（ぼかしなし）：ゴールド、アクセントカラー5》をクリックします。

⑤《ここに文字を入力》が選択されていることを確認します。

リボンに《図形の書式》タブが表示されます。

⑥「**利用者数の増加**」と入力します。

※文字を入力すると、ワードアートが点線で囲まれ、ワードアート内にカーソルが表示されます。

⑦ワードアート以外の場所をクリックします。

ワードアートの選択が解除され、ワードアートの文字が確定します。

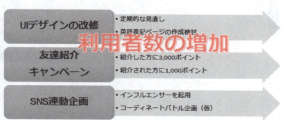

POINT　《図形の書式》タブ

ワードアートが選択されているとき、リボンに《図形の書式》タブが表示され、ワードアートに関するコマンドが使用できる状態になります。

POINT　ワードアートの枠線

ワードアート内をクリックすると、カーソルが表示され、枠線が点線になります。この状態のとき、文字を入力したり文字の一部の書式を設定したりできます。

ワードアートの周囲の枠線をクリックすると、ワードアートが選択され、枠線が実線になります。この状態のとき、ワードアート内のすべての文字に書式を設定できます。

●ワードアート内にカーソルがある状態　　●ワードアートが選択されている状態

POINT　ワードアートの削除

ワードアートを削除する方法は、次のとおりです。

◆ワードアートの枠線を選択→ Delete

143

STEP UP 入力済みの文字にワードアートのスタイルを設定

入力済みのタイトルや箇条書きテキストの文字に、ワードアートのスタイルを設定できます。

◆文字を選択→《図形の書式》タブ→《ワードアートのスタイル》グループで設定

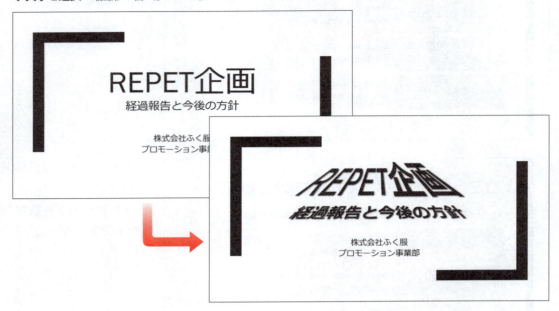

3 文字列の方向の変更

初期の設定では、ワードアートの文字列の方向は横書きですが、縦書きに変更できます。
ワードアートの文字列の方向を、横書きから縦書きに変更しましょう。

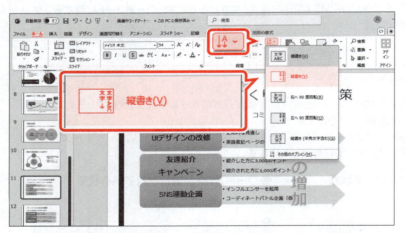

①ワードアートを選択します。
※ワードアート内をクリックし、周囲の枠線をクリックします。
②《ホーム》タブを選択します。
③《段落》グループの《文字列の方向》をクリックします。
④《縦書き》をクリックします。
※一覧をポイントすると、設定後のイメージを画面で確認できます。

文字列の方向が変更されます。

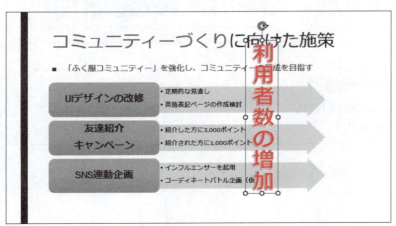

4　ワードアートのサイズ変更

スライドに挿入したワードアートのサイズを変更するには、フォントサイズを設定します。ワードアートは、周囲の〇（ハンドル）をドラッグしてもサイズを変更できません。
ワードアートのフォントサイズを「40」に設定しましょう。

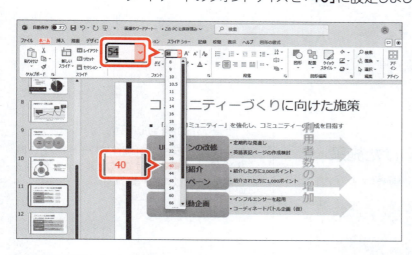

①ワードアートが選択されていることを確認します。
②《ホーム》タブを選択します。
③《フォント》グループの《フォントサイズ》の▼をクリックします。
④《40》をクリックします。
※一覧をポイントすると、設定後のイメージを画面で確認できます。

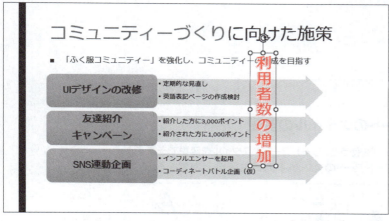

ワードアートのサイズが変更されます。

5　ワードアートの移動

スライドに挿入したワードアートを移動するには、周囲の枠線をドラッグします。
ワードアートを移動しましょう。

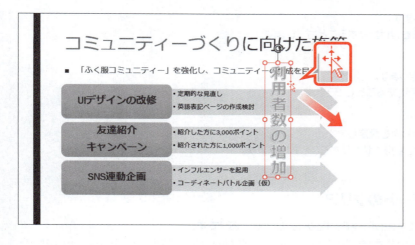

①ワードアートを選択します。
②ワードアートの周囲の枠線をポイントします。
マウスポインターの形が に変わります。
③図のようにドラッグします。

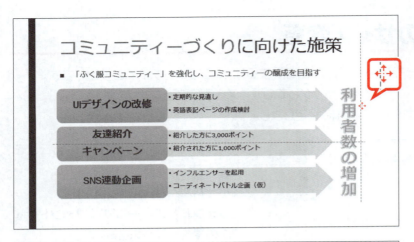

ドラッグ中、マウスポインターの形が✥に変わります。

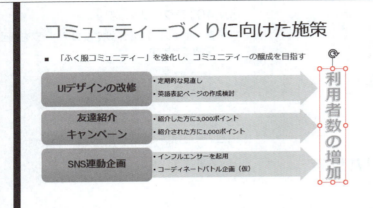

ワードアートが移動します。

※プレゼンテーションに「画像やワードアートの挿入完成」と名前を付けて、フォルダー「第6章」に保存し、閉じておきましょう。

STEP UP　ワードアートのスタイルの変更

《ワードアートのスタイル》グループを使うと、ワードアートのスタイルを変更できます。
※お使いの環境によっては、《ワードアートのスタイル》グループの表示が異なることがあります。

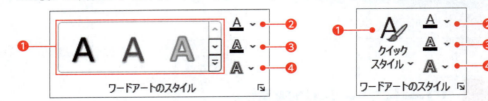

❶ワードアートクイックスタイル
文字の色、輪郭、効果を組み合わせたスタイルが表示されます。
文字にワードアートのスタイルを適用したり、設定済みのワードアートのスタイルを変更したりするときに使います。

❷文字の塗りつぶし
文字を塗りつぶす色を設定します。
グラデーションにしたり、模様を付けたりすることもできます。

❸文字の輪郭
文字の輪郭の太さや色を設定します。
文字の輪郭は点線や破線に変更することもできます。

❹文字の効果
文字に影や反射、光彩などの効果を設定します。
文字を立体的にしたり、円形に変形させたりすることもできます。

STEP UP　ワードアートのクリア

ワードアートに設定されているスタイルを解除する方法は、次のとおりです。
◆ワードアートを選択→《図形の書式》タブ→《ワードアートのスタイル》グループの ▼ →《ワードアートのクリア》

練習問題

あなたは、社員の健康推進をサポートする業務を担当しており、「全社ウォーキングイベント企画」のプレゼンテーションを作成しています。ここでは、作成済みのスライドに画像やワードアートを挿入して、表現力のあるスライドにします。
完成図のようなスライドを作成しましょう。

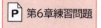

●完成図

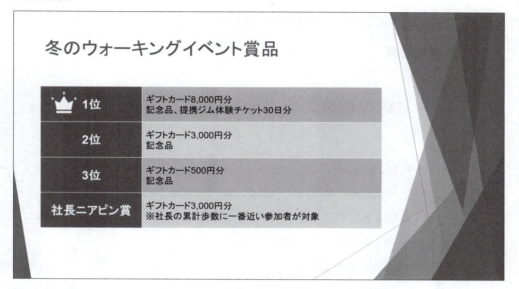

① スライド6に、王冠のアイコンを挿入しましょう。

② 完成図を参考に、アイコンの位置とサイズを調整しましょう。

③ アイコンに、塗りつぶしの色「**白、背景1**」を設定しましょう。

完成図のようなスライドを作成しましょう。

●完成図

④ スライド9に、ワードアート「ENJOY␣WALKING！」を挿入しましょう。
ワードアートのスタイルは「塗りつぶし：緑、アクセントカラー2；輪郭：緑、アクセントカラー2」
にします。

※英字は半角で入力します。
※␣は半角空白を表します。

⑤ ワードアートのフォントサイズを「60」に設定しましょう。

⑥ 完成図を参考に、ワードアートの位置を調整しましょう。

完成図のようなスライドを作成しましょう。

●完成図

⑦ スライド11に、フォルダー「**第6章**」の画像「**ピクトグラム**」を挿入しましょう。

⑧ 完成図を参考に、画像のサイズと位置を調整しましょう。

⑨ 画像の彩度を「**200%**」に調整しましょう。

HINT 画像の彩度を調整するには、画像を選択→《図の形式》タブ→《調整》グループの《色》→《色の
彩度》を使います。

※プレゼンテーションに「第6章練習問題完成」と名前を付けて、フォルダー「第6章」に保存し、閉じておきましょう。

第 7 章

特殊効果の設定

この章で学ぶこと ……………………………………………………………… 150

STEP 1 アニメーションを設定する ……………………………………… 151

STEP 2 画面切り替えの効果を設定する ……………………………… 157

練習問題 ………………………………………………………………………… 162

この章で学ぶこと

学習前に習得すべきポイントを理解しておき、
学習後には確実に習得できたかどうかを振り返りましょう。

第7章 特殊効果の設定

■ スライド上のオブジェクトにアニメーションを設定できる。　→ P.152 ☑☑☑

■ 効果のオプションを使って、アニメーションの動きをアレンジできる。　→ P.154 ☑☑☑

■ アニメーションが再生される順番を変更できる。　→ P.155 ☑☑☑

■ アニメーションを別のオブジェクトにコピーできる。　→ P.156 ☑☑☑

■ スライドが切り替わるときの効果を設定できる。　→ P.157 ☑☑☑

■ 効果のオプションを使って、スライドが切り替わるときの動きをアレンジできる。　→ P.160 ☑☑☑

■ スライドが自動的に切り替わるように設定できる。　→ P.161 ☑☑☑

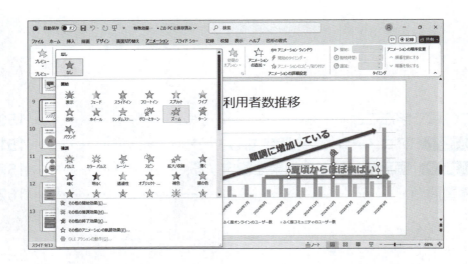

STEP 1 アニメーションを設定する

1 アニメーション

「アニメーション」とは、スライド上のタイトルや箇条書きテキスト、画像、表などの「**オブジェクト**」に対して、動きを付ける効果のことです。波を打つように揺らす、ピカピカと点滅させる、徐々に拡大するなど、様々なアニメーションが用意されています。
アニメーションを使うと、重要な箇所が強調され、見る人の注目を集めることができます。PowerPointに用意されているアニメーションは、次のように分類されます。

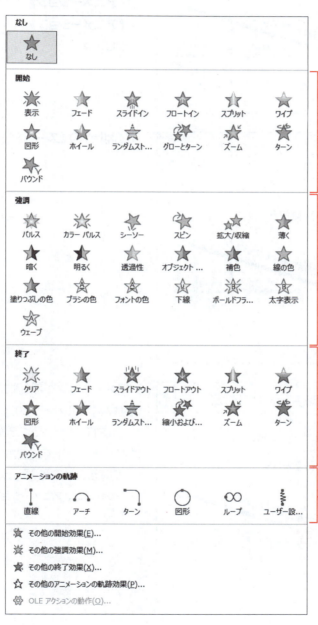

開始
オブジェクトが表示されるときのアニメーションです。

強調
オブジェクトが表示されているときのアニメーションです。

終了
オブジェクトが非表示になるときのアニメーションです。

アニメーションの軌跡
オブジェクトがスライド上を軌跡に沿って動くアニメーションです。

2 アニメーションの設定

OPEN 特殊効果の設定

アニメーションは、対象のオブジェクトを選択してから設定します。
スライド9のワードアート**「夏頃からほぼ横ばい」**に、**「開始」**の**「ズーム」**のアニメーションを設定しましょう。次に、下側の矢印に**「開始」**の**「ワイプ」**のアニメーションを設定しましょう。

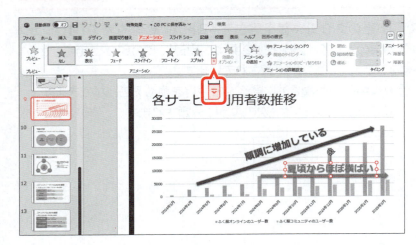

①スライド9を選択します。
②ワードアート**「夏頃からほぼ横ばい」**を選択します。
※ワードアート内をクリックし、周囲の枠線をクリックします。
③《アニメーション》タブを選択します。
④《アニメーション》グループの をクリックします。

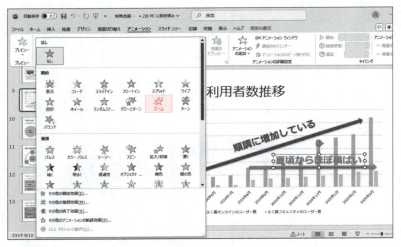

⑤《開始》の《ズーム》をクリックします。

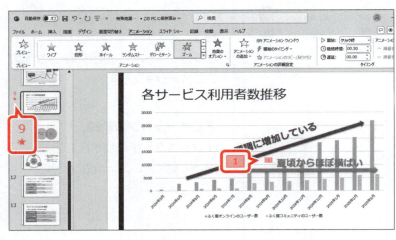

アニメーションが設定されます。
⑥サムネイルペインのスライド9に ★ が表示されていることを確認します。
⑦ワードアートの左側に**「1」**が表示されていることを確認します。
※この番号は、アニメーションの再生順序を表します。

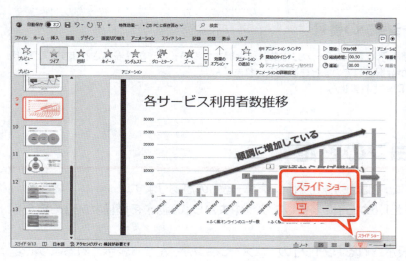

⑧同様に、下側の矢印に《開始》の《ワイプ》のアニメーションを設定します。

3 アニメーションの確認

スライドショーを実行し、設定したアニメーションを確認しましょう。

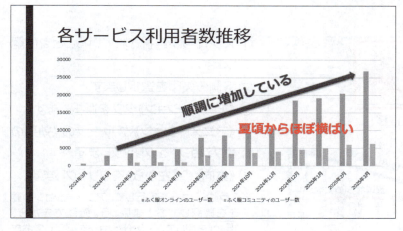

①スライド9が選択されていることを確認します。
②ステータスバーの《スライドショー》をクリックします。

スライドショーが実行されます。
③クリックします。
※ Enter を押してもかまいません。
④ワードアート「**夏頃からほぼ横ばい**」が表示されるときに、アニメーションが再生されることを確認します。

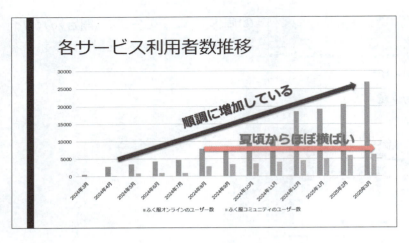

⑤クリックします。
※ Enter を押してもかまいません。
⑥矢印が表示されるときに、アニメーションが再生されることを確認します。
※確認できたら、 Esc を押して、スライドショーを終了しておきましょう。

POINT アニメーションのプレビュー

標準表示やスライド一覧表示でアニメーションを再生する方法は、次のとおりです。
◆スライドを選択→《アニメーション》タブ→《プレビュー》グループの《アニメーションのプレビュー》

STEP UP アニメーションの番号

アニメーションの番号は、標準表示で《アニメーション》タブが選択されているときだけ表示されます。スライドショー実行中やその他のタブが選択されているときは表示されません。
また、アニメーションの番号は印刷されません。

4 効果のオプションの設定

アニメーションの種類によっては、動きをアレンジできるものがあります。
例えば、「上から」の動きを「下から」に変更したり、「中央から」の動きを「外側から」に変更したりできます。
初期の設定では下から表示される「ワイプ」のアニメーションが、左から表示されるように変更しましょう。

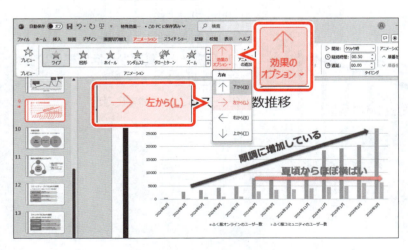

①スライド9が選択されていることを確認します。
②下側の矢印を選択します。
③《アニメーション》タブを選択します。
④《アニメーション》グループの《効果のオプション》をクリックします。
⑤《方向》の《左から》をクリックします。
※スライドショーを実行して、アニメーションの動きを確認しておきましょう。確認できたら、 Esc を押して、スライドショーを終了しておきましょう。

POINT 効果のオプション

設定しているアニメーションの種類によって、ボタンの表示や設定できる内容が異なります。

5 アニメーションの再生順序の変更

アニメーションを設定すると表示される「1」や「2」などの番号は、アニメーションが再生される順番を示しています。アニメーションの再生順序は、あとから変更することができます。
ワードアートと矢印のアニメーションが再生される順番を入れ替えましょう。

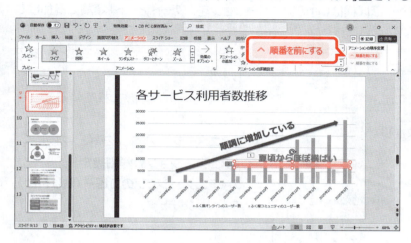

①スライド9が選択されていることを確認します。
②下側の矢印を選択します。
③《アニメーション》タブを選択します。
④《タイミング》グループの《アニメーションの順序変更》の《順番を前にする》をクリックします。

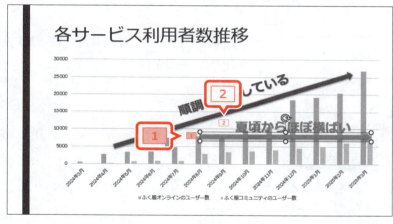

矢印の横の番号が「1」に変わります。
⑤ワードアートと矢印の番号が入れ替わっていることを確認します。
※スライドショーを実行して、アニメーションの動きを確認しておきましょう。確認できたら、[Esc]を押して、スライドショーを終了しておきましょう。

STEP UP アニメーションのタイミング

初期の設定では、アニメーションはスライドショーを実行中にクリックすると再生されますが、ほかのアニメーションの動きに合わせて自動的に再生させることもできます。
アニメーションのタイミングを変更する方法は、次のとおりです。

◆《アニメーション》タブ→《タイミング》グループの《開始》の《アニメーションのタイミング》

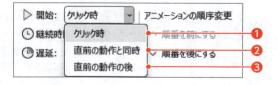

❶クリック時
マウスをクリックすると再生されます。

❷直前の動作と同時
直前のアニメーションが再生されるのと同時に再生されます。

❸直前の動作の後
直前のアニメーションが再生されたあと、すぐに再生されます。

6 アニメーションのコピー/貼り付け

「アニメーションのコピー/貼り付け」を使うとアニメーションをコピーして、別の文字や図形などのオブジェクトに貼り付けることができます。
下側の矢印のアニメーションを上側の矢印にコピーしましょう。
次に、ワードアート**「夏頃からほぼ横ばい」**のアニメーションを、ワードアート**「順調に増加している」**にコピーしましょう。

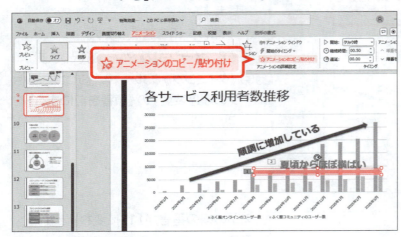

①スライド9が選択されていることを確認します。
②下側の矢印が選択されていることを確認します。
③《アニメーション》タブを選択します。
④《アニメーションの詳細設定》グループの《アニメーションのコピー/貼り付け》をクリックします。

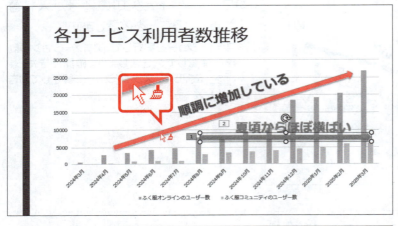

マウスポインターの形が に変わります。
⑤上側の矢印をクリックします。

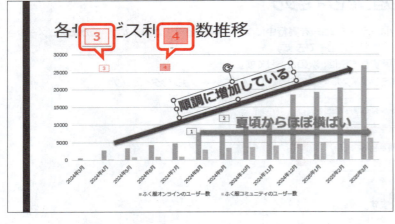

アニメーションがコピーされます。
⑥上側の矢印の左上に「3」が表示されていることを確認します。
⑦同様に、ワードアート**「夏頃からほぼ横ばい」**のアニメーションを、ワードアート**「順調に増加している」**にコピーします。
※スライドショーを実行し、アニメーションの動きを確認しておきましょう。確認できたら、[Esc]を押して、スライドショーを終了しておきましょう。

STEP UP その他の方法（アニメーションのコピー）

◆コピー元を選択→[Alt]+[Shift]+[C]
※コピーを終了するには、[Esc]を押します。

STEP UP アニメーションの解除

アニメーションを解除する方法は、次のとおりです。
◆オブジェクトを選択→《アニメーション》タブ→《アニメーション》グループの →《なし》の《なし》

STEP 2 画面切り替えの効果を設定する

1 画面切り替え

「画面切り替え」を設定すると、スライドショーでスライドが切り替わるときに変化を付けることができます。モザイク状に徐々に切り替える、カーテンを開くように切り替える、ページをめくるように切り替えるなど、様々な切り替えが可能です。
画面切り替えは、スライドごとに異なる効果を設定したり、すべてのスライドに同じ効果を設定したりできます。

2 画面切り替えの設定

スライド1に、**「プッシュ」**の画面切り替えを設定しましょう。
次に、すべてのスライドに同じ画面切り替えを適用しましょう。

①スライド1を選択します。
②**《画面切り替え》**タブを選択します。
③**《画面切り替え》**グループの をクリックします。

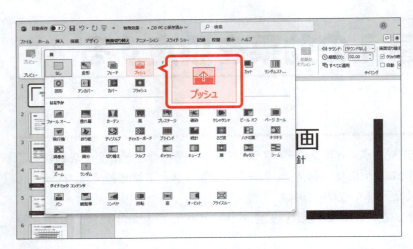

④《弱》の《プッシュ》をクリックします。

現在選択しているスライドに画面切り替えが設定されます。

⑤サムネイルペインのスライド1に★が表示されていることを確認します。

⑥《タイミング》グループの《すべてに適用》をクリックします。

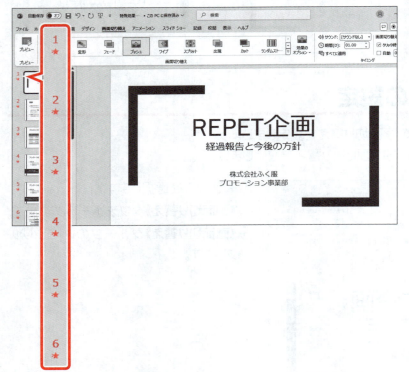

すべてのスライドに画面切り替えが設定されます。

⑦サムネイルペインのすべてのスライドに★が表示されていることを確認します。

3 画面切り替えの確認

スライドショーを実行し、設定した画面切り替えを確認しましょう。

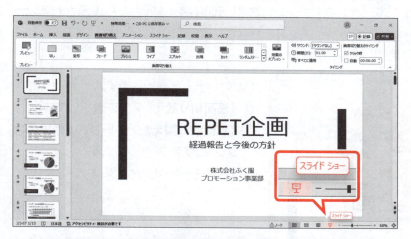

①ステータスバーの《**スライドショー**》をクリックします。

②クリックして、スライドが切り替わるときの変化を確認します。
※ Enter を押してもかまいません。
※確認できたら、Esc を押して、スライドショーを終了しておきましょう。

POINT　画面切り替えのプレビュー

標準表示やスライド一覧表示で画面切り替えを再生する方法は、次のとおりです。
◆《画面切り替え》タブ→《プレビュー》グループの《画面切り替えのプレビュー》

STEP UP　画面切り替えの解除

設定した画面切り替えを解除する方法は、次のとおりです。
◆スライドを選択→《画面切り替え》タブ→《画面切り替え》グループの →《弱》の《なし》
※すべてのスライドの画面切り替えを解除するには、《タイミング》グループの《すべてに適用》をクリックする必要があります。

4 効果のオプションの設定

画面切り替えの種類によっては、動きをアレンジできるものがあります。
スライド1に設定した下から表示される**「プッシュ」**の画面切り替えを、右から表示されるように変更しましょう。
次に、すべてのスライドに適用しましょう。

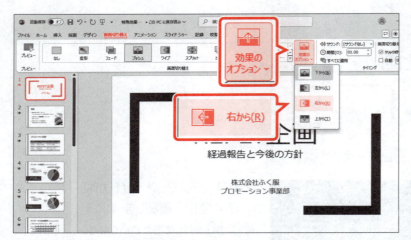

①スライド1を選択します。
②《**画面切り替え**》タブを選択します。
③《**画面切り替え**》グループの《**効果のオプション**》をクリックします。
④《**右から**》をクリックします。

画面切り替えが右から表示されます。

⑤《**タイミング**》グループの《**すべてに適用**》をクリックします。

すべてのスライドに、画面切り替えの効果のオプションが適用されます。

※スライドショーを実行し、画面切り替えを確認しておきましょう。確認できたら、[Esc]を押して、スライドショーを終了しておきましょう。

POINT 効果のオプション

設定している画面切り替えの種類によって、ボタンの表示や設定できる内容が異なります。

5 画面の自動切り替え

初期の設定では、スライドショーの実行中にマウスをクリックまたは[Enter]を押すと、画面が切り替わります。クリックしたり[Enter]を押したりしなくても、指定した時間が経過すると、自動的に画面が切り替わるように設定することもできます。
スライド1を表示して3秒経過すると、自動的に次のスライドに切り替わるように設定しましょう。
次に、すべてのスライドに適用しましょう。

①スライド1を選択します。
②《画面切り替え》タブを選択します。
③《タイミング》グループの《画面切り替えのタイミング》の《自動》を☑にします。
④《自動》を「00:03.00」に設定します。
⑤《タイミング》グループの《すべてに適用》をクリックします。

※スライドショーを実行し、3秒経過するごとにスライドが自動的に切り替わることを確認しておきましょう。確認できたら、[Esc]を押して、スライドショーを終了しておきましょう。
※プレゼンテーションに「特殊効果の設定完成」と名前を付けて、フォルダー「第7章」に保存し、閉じておきましょう。

STEP UP スライド一覧表示の時間

スライド一覧表示に切り替えると、スライドの右下に設定した時間が表示されます。

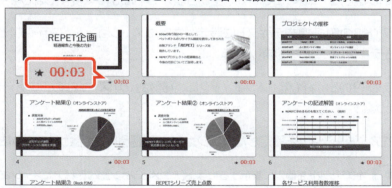

STEP UP 画面切り替えのタイミング

《画面切り替えのタイミング》の《クリック時》と《自動》を組み合わせて、次のように画面切り替えのタイミングを設定できます。

設定	タイミング
☑クリック時 ☑自動	クリックまたは[Enter]を押したとき 指定した時間が経過したとき
☑クリック時 ☐自動	クリックまたは[Enter]を押したとき
☐クリック時 ☑自動	[Enter]を押したとき 指定した時間が経過したとき
☐クリック時 ☐自動	[Enter]を押したとき

161

練習問題

 第7章練習問題

あなたは、社員の健康推進をサポートする業務を担当しており、「全社ウォーキングイベント企画」のプレゼンテーションを作成しています。ここでは、スライドに動きを設定します。
完成図のようなスライドを作成しましょう。

●完成図

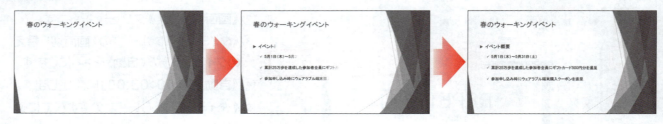

① スライド3の箇条書きテキストに、「**開始**」の「**ワイプ**」のアニメーションを設定しましょう。

② ①で設定したアニメーションが、左から表示されるように変更しましょう。

③ スライド3の箇条書きテキストに設定したアニメーションを、スライド4とスライド5の箇条書きテキストにコピーしましょう。

④ スライド9のSmartArtグラフィックに、「**開始**」の「**ズーム**」のアニメーションを設定しましょう。

⑤ ④でアニメーションを設定したオブジェクトが、個別に表示されるようにしましょう。

HINT オブジェクトを個別に表示するには、《アニメーション》タブ→《アニメーション》グループの《効果のオプション》→《個別》を使います。

⑥ スライド1に、「**ピールオフ**」の画面切り替えを設定しましょう。
次に、すべてのスライドに同じ画面切り替えを適用しましょう。

⑦ 2秒経過すると、自動的に次のスライドに切り替わるように設定し、すべてのスライドに適用しましょう。

⑧ スライドショーを実行して、画面切り替えとアニメーションを確認しましょう。

※プレゼンテーションに「第7章練習問題完成」と名前を付けて、フォルダー「第7章」に保存し、閉じておきましょう。

第 **8** 章

プレゼンテーションを
サポートする機能

この章で学ぶこと …………………………………………………… 164

STEP 1 プレゼンテーションを印刷する ……………………………… 165

STEP 2 スライドを効率的に切り替える ……………………………… 170

STEP 3 ペンや蛍光ペンを使ってスライドを部分的に強調する … 173

STEP 4 発表者ツールを使用する ………………………………………… 177

STEP 5 リハーサルを実行する …………………………………………… 184

STEP 6 目的別スライドショーを作成する ………………………… 187

練習問題 ……………………………………………………………… 191

この章で学ぶこと

学習前に習得すべきポイントを理解しておき、
学習後には確実に習得できたかどうかを振り返りましょう。

- ■ プレゼンテーションを印刷するレイアウトにどのような形式があるかを説明できる。 → P.165 ☑☑☑
- ■ ノートペインに補足説明を入力し、ノートを印刷できる。 → P.166,168 ☑☑☑
- ■ スライドショー実行中に、キーボードやショートカットメニューを使って、スライドの切り替えができる。 → P.170 ☑☑☑
- ■ スライドショー実行中に、目的のスライドにジャンプできる。 → P.171 ☑☑☑
- ■ スライドショー実行中に、スライドの一部をペンや蛍光ペンで強調できる。 → P.173 ☑☑☑
- ■ ペンや蛍光ペンの色を変更できる。 → P.174 ☑☑☑
- ■ ペンや蛍光ペンで書き込んだ内容をスライドに保持できる。 → P.176 ☑☑☑
- ■ 発表者ツールがどのような機能かを説明できる。 → P.177 ☑☑☑
- ■ 発表者ツールを使ってスライドショーを実行できる。 → P.180 ☑☑☑
- ■ 発表者ツールを使って目的のスライドにジャンプできる。 → P.181 ☑☑☑
- ■ 発表者ツールを使ってスライドの一部を拡大表示できる。 → P.182 ☑☑☑
- ■ リハーサルを実行して、スライドショーのタイミングを記録できる。 → P.184 ☑☑☑
- ■ 目的別スライドショーがどのような機能かを説明できる。 → P.187 ☑☑☑
- ■ 目的別スライドショーを作成できる。 → P.188 ☑☑☑
- ■ 作成した目的別スライドショーを実行できる。 → P.190 ☑☑☑

STEP 1 プレゼンテーションを印刷する

1 印刷のレイアウト

作成したプレゼンテーションは、スライドをそのままの形式で印刷したり、配布資料として1枚の用紙に複数のスライドを印刷したりできます。
印刷のレイアウトには、次のようなものがあります。

●フルページサイズのスライド
1枚の用紙全面にスライドを1枚ずつ印刷します。

●ノート
スライドと、ノートペインに入力したスライドの補足説明が印刷されます。

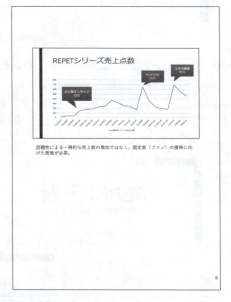

●アウトライン
スライド番号と文字が印刷され、画像や表、グラフなどは印刷されません。

●配布資料
1枚の用紙に印刷するスライドの枚数を指定して、印刷します。1枚の用紙に3枚のスライドを印刷するように設定した場合、用紙の右半分にメモ欄が印刷されます。

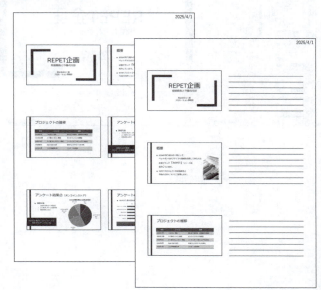

165

2 ノートペインへの入力

OPEN プレゼンテーションをサポートする機能

「ノートペイン」とは、作業中のスライドに補足説明を書き込む領域のことです。
ノートペインの表示・非表示を切り替えるには、ステータスバーの《ノート》をクリックします。
ノートペインを表示し、スライド8のノートペインに補足説明を入力しましょう。

①スライド1を選択します。
②ステータスバーの《ノート》をクリックします。

ノートペインが表示されます。
ノートペインの領域を拡大します。
③スライドペインとノートペインの境界線をポイントします。
マウスポインターの形が↕に変わります。
④図のようにドラッグします。

―《ノートペイン》

ノートペインの領域が拡大されます。

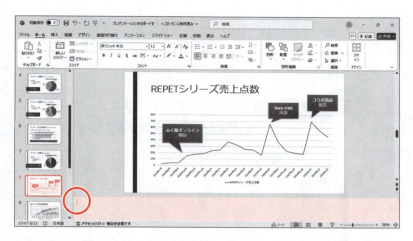

⑤スライド8を選択します。
⑥ノートペイン内をクリックします。
ノートペインに、カーソルが表示されます。

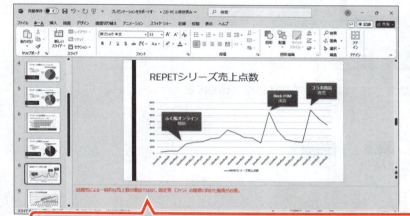

⑦ノートペインに、次の文字を入力します。

> 話題性による一時的な売上数の増加ではなく、固定客（ファン）の獲得に向けた施策が必要。

STEP UP ノートへのオブジェクトの挿入

ノートには文字だけでなく、グラフや図形などのオブジェクトも挿入できます。オブジェクトの挿入は、ノート表示で行います。
ノート表示に切り替える方法は、次のとおりです。

◆《表示》タブ→《プレゼンテーションの表示》グループの《ノート表示》

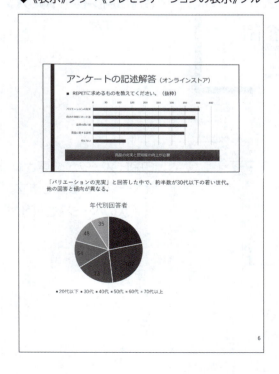

3 ノートの印刷

すべてのスライドを、ノートの形式で1部印刷しましょう。

① スライド1を選択します。
② 《ファイル》タブを選択します。

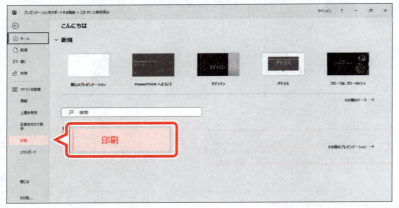

③ 《印刷》をクリックします。

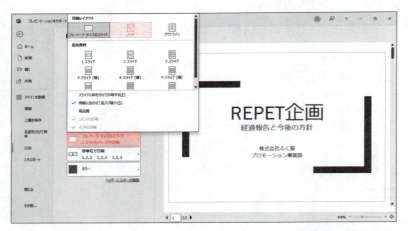

印刷イメージが表示されます。
④ 《設定》の《フルページサイズのスライド》をクリックします。
⑤ 《印刷レイアウト》の《ノート》をクリックします。

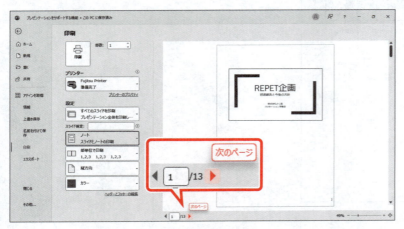

印刷イメージが変更されます。
8ページ目を表示します。
⑥ 《次のページ》を7回クリックします。

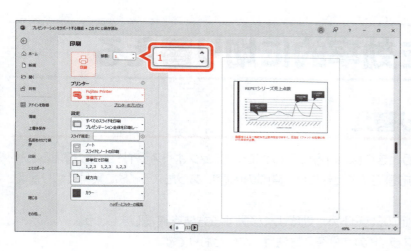

⑦ノートペインに入力した内容が表示されていることを確認します。

印刷を実行します。

⑧《部数》が「1」になっていることを確認します。

⑨《プリンター》に出力するプリンターの名前が表示されていることを確認します。

※表示されていない場合は、▼をクリックし、一覧から選択します。

⑩《印刷》をクリックします。

※印刷を実行しない場合は、[Esc]を押します。
※ステータスバーの《ノート》をクリックし、ノートペインを非表示にしておきましょう。

STEP UP　スライドのモノクロ表示

カラーで作成したスライドをモノクロで印刷すると、色の組み合わせによっては、データが見にくくなる場合があります。モノクロで印刷する際は、スライドをモノクロの表示に切り替えて、見にくい箇所がないかを確認するとよいでしょう。

スライドをモノクロで表示する方法は、次のとおりです。

◆《表示》タブ→《カラー/グレースケール》グループの《グレースケール》/《白黒》

※《グレースケール》タブまたは《白黒》タブを使って色を調整します。

●《グレースケール》タブ

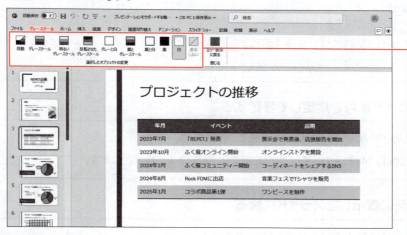

スライドのデータが見やすくなるものを選択

●《白黒》タブ

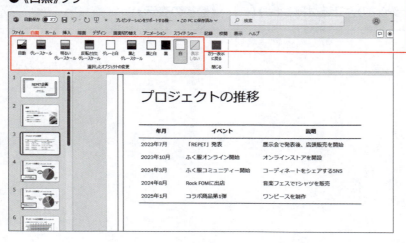

169

STEP2 スライドを効率的に切り替える

1 スライドの切り替え

プレゼンテーションを行うときには、内容に合わせてタイミングよくスライドを切り替えることが重要です。また、質疑応答をするときには、質問の内容にあったスライドに素早く切り替える必要があります。
表示中のスライドから特定のスライドへ、効率よく移動する方法を確認しましょう。
スライドショー実行中のスライドの切り替え方法は、次のとおりです。

●次のスライドに進む

・スライドをクリック
・[ ] (スペース) または [Enter]
・[→] または [↓]
・スライドを右クリック→《次へ》
・スライドの左下をポイント→ ▷

●前のスライドに戻る

・[Back Space]
・[←] または [↑]
・スライドを右クリック→《前へ》
・スライドの左下をポイント→ ◁

●スライド番号を指定して移動する

・スライド番号を入力→[Enter]
※例えば、「4」と入力して[Enter]を押すと、スライド4が表示されます。

●直前に表示したスライドに戻る

・スライドを右クリック→《最後の表示》
・スライドの左下をポイント→ ⋯ →《最後の表示》

2 目的のスライドへジャンプ

スライドショーを実行し、スライド1からスライド6にジャンプしましょう。

①スライド1を選択します。
②ステータスバーの《**スライドショー**》をクリックします。

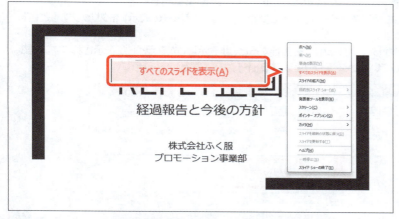

スライドショーが実行されます。
③スライドを右クリックします。
④《**すべてのスライドを表示**》をクリックします。

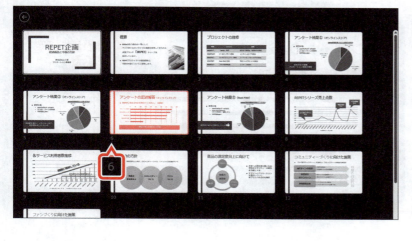

すべてのスライドの一覧が表示されます。
⑤スライド6をクリックします。

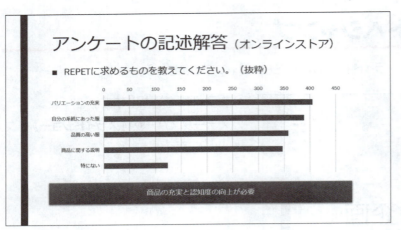

スライド6が表示されます。
※ Esc を押して、スライドショーを終了しておきましょう。

> **STEP UP** その他の方法（目的のスライドへジャンプ）
>
> ◆スライドショーを実行→スライドの左下をポイント→ 🔳 →一覧からスライドを選択

POINT　非表示スライドの設定

特定のスライドを非表示に設定して、スライドショーから除外できます。
非表示に設定したスライドは、サムネイルペインのスライド番号に斜線が引かれます。
スライドを非表示に設定する方法は、次のとおりです。
◆スライドを選択→《スライドショー》タブ→《設定》グループの《非表示スライド》
※非表示に設定すると、ボタンが《スライドの表示》に変わります。《スライドの表示》をクリックすると、非表示スライドを解除できます。
※非表示に設定したスライドからスライドショーを実行すると、非表示にしたスライドが表示されます。確認する際は、非表示に設定していないスライドから、スライドショーを実行しましょう。

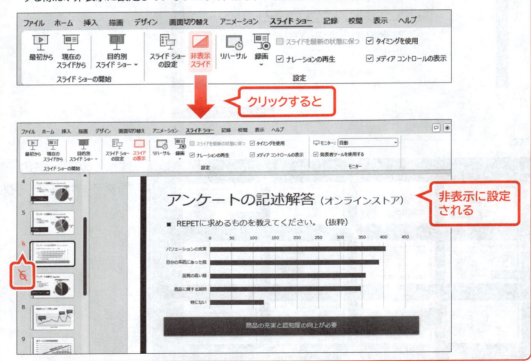

> **STEP UP** 画面を黒または白に切り替える
>
> スライドショーを実行中、画面を黒または白の表示に切り替えることができます。スライドの表示を一時的に中断し、画面以外に注目させる場合に便利です。
>
> | 画面を黒に切り替える | 画面を白に切り替える |
> |---|---|
> | ◆スライドショーを実行→ B | ◆スライドショーを実行→ W |
>
> ※画面が黒または白で表示されている状態を解除するには、再度 B または W を押します。

STEP 3 ペンや蛍光ペンを使ってスライドを部分的に強調する

1 ペンや蛍光ペンの利用

スライドショーの実行中にスライド上の強調したい部分を「**ペン**」で囲んだり、「**蛍光ペン**」で色を塗ったりできます。

スライドショーを実行し、スライド4のグラフのデータラベル「**知らないし買ったこともない 42%**」をペンで囲みましょう。

次に、箇条書きテキスト「**回答者数1,098人**」に蛍光ペンで色を塗りましょう。

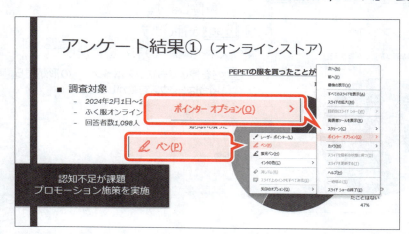

①スライドショーを実行し、スライド4に切り替えます。
②スライドを右クリックします。
③《**ポインターオプション**》をポイントします。
④《**ペン**》をクリックします。

マウスポインターの形が・に変わります。
⑤図のように、「**知らないし買ったこともない　42%**」の周囲をドラッグします。

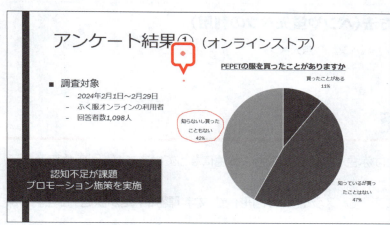

ペンの種類を変更します。
⑥スライドを右クリックします。
⑦《**ポインターオプション**》をポイントします。
⑧《**蛍光ペン**》をクリックします。

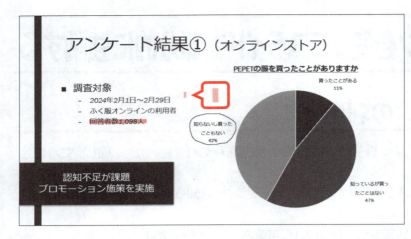

マウスポインターの形が▮に変わります。

⑨図のように、「回答者数1,098人」の文字上をドラッグします。

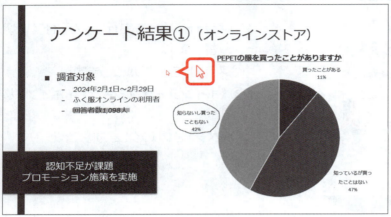

ペンを解除します。

⑩ Esc を押します。

マウスポインターの形が に戻ります。

※ Esc を押してもマウスポインターの形が戻らない場合は、マウスを動かします。

STEP UP　その他の方法（ペンや蛍光ペンの利用）

◆スライドの左下をポイント→ 🖉 →《ペン》／《蛍光ペン》

2　ペンの色の変更

初期の設定では、ペンの色は赤色、蛍光ペンの色は黄色になっていますが、別の色に変更できます。
蛍光ペンの色をオレンジに変更し、スライド4の図形内の文字**「認知不足が課題」**を強調しましょう。

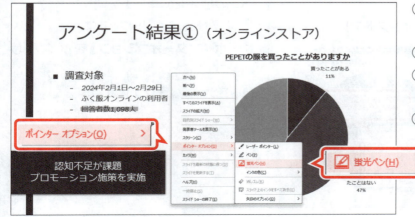

①スライド4が表示されていることを確認します。

②スライドを右クリックします。

③《ポインターオプション》をポイントします。

④《蛍光ペン》をクリックします。

174

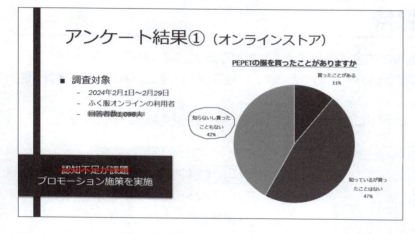

ペンの色を変更します。
⑤ スライドを右クリックします。
⑥《ポインターオプション》をポイントします。
⑦《インクの色》をポイントします。
⑧《オレンジ》をクリックします。

蛍光ペンの色がオレンジになります。
⑨ 図のように、**「認知不足が課題」**の文字上をドラッグします。
※ Esc を押して、ペンを解除しておきましょう。

POINT　ペンや蛍光ペンで書き込んだ内容の消去

スライドにペンや蛍光ペンで書き込んだ内容を部分的に消去する方法は、次のとおりです。
◆スライドを右クリック→《ポインターオプション》→《消しゴム》→消去する部分をクリック
※消しゴムを解除するには、Esc を押します。

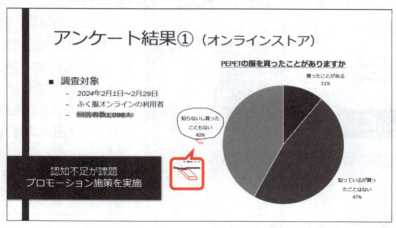

スライドにペンや蛍光ペンで書き込んだ内容をすべて消去する方法は、次のとおりです。
◆スライドを右クリック→《ポインターオプション》→《スライド上のインクをすべて消去》

175

> **POINT レーザーポインターの利用**
>
> スライドショー実行中に、Ctrl を押しながらスライドをドラッグすると、マウスポインターが「レーザーポインター」に変わります。スライドの内容に着目してもらう場合に便利です。

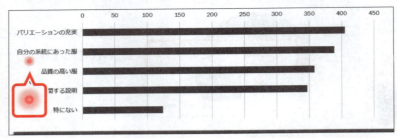

3 インク注釈の保持

ペンや蛍光ペンで書き込んだ内容は保持することができます。あとから再びスライドショーを実行するときにも同じ書き込みを利用できます。内容を保持すると、スライドに**「インク注釈」**として配置されます。

スライドショーを終了し、スライドにペンや蛍光ペンで書き込んだ内容を保持しましょう。

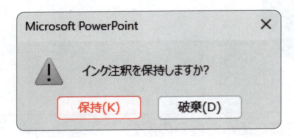

スライドショーを終了します。
① Esc を押します。
図のようなメッセージが表示されます。
②《保持》をクリックします。
※《破棄》をクリックすると、書き込んだすべての内容を消去して、スライドショーを終了します。

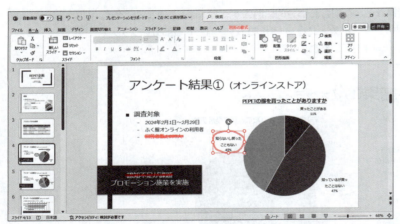

書き込んだ内容が保持され、元の表示に戻ります。
③スライド上に、インク注釈が表示されていることを確認します。
④ペンのインク注釈をクリックします。
⑤インク注釈の周囲に枠線と○（ハンドル）が表示され、インク注釈が選択されていることを確認します。
リボンに**《図形の書式》**タブが表示されます。
※インク注釈以外の場所をクリックし、選択を解除しておきましょう。

> **POINT 《図形の書式》タブ**
>
> インク注釈が選択されているとき、リボンに《図形の書式》タブが表示され、図形に関するコマンドが使用できる状態になります。また、《描画》タブではインク注釈に関するコマンドが使用できます。

> **POINT インク注釈の削除**
>
> インク注釈を削除する方法は、次のとおりです。
> ◆スライドを標準で表示→インク注釈を選択→ Delete

STEP 4 発表者ツールを使用する

1 発表者ツール

「**発表者ツール**」は、パソコンにプロジェクターや外部ディスプレイを接続して、プレゼンテーションを実施するような場合に使用します。出席者が見るスクリーンや画面にはスライドショーが表示され、発表者が見る画面には発表者ツールが表示されます。
発表者ツールの画面には、ノートペインの補足説明やスライドショーの経過時間などが表示されます。出席者が見るスライドショーには表示されないため、発表者だけがプレゼンテーションを実施しながら確認することができます。

2 発表者ツールの使用

ノートパソコンにプロジェクターを接続して、ノートパソコンのディスプレイに発表者ツール、プロジェクターのスクリーンにスライドショーを表示する方法を確認しましょう。

①パソコンにプロジェクターを接続します。

177

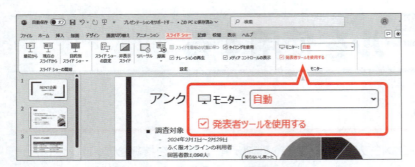

②《スライドショー》タブを選択します。
③《モニター》グループの《モニター》の《プレゼンテーションの表示先》が《自動》になっていることを確認します。
④《モニター》グループの《発表者ツールを使用する》を☑にします。

⑤スライド1を選択します。
⑥ステータスバーの《スライドショー》をクリックします。

パソコンのディスプレイに、発表者ツールが表示されます。

プロジェクターのスクリーンに、スライドショーが表示されます。

POINT　プロジェクターを接続せずに発表者ツールを使用する

プロジェクターや外部ディスプレイを接続しなくても、発表者ツールを使用できます。本番前の練習に便利です。
プロジェクターなどを接続せずに発表者ツールを使用する方法は、次のとおりです。
◆スライドショーを実行→スライドを右クリック→《発表者ツールを表示》

3 発表者ツールの画面の構成

発表者ツールの画面の構成を確認しましょう。
※お使いの環境によっては、表示が異なる場合があります。

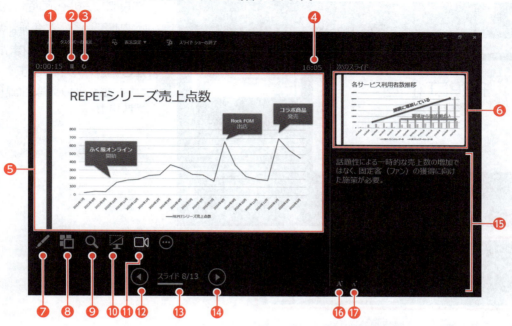

❶タイマー
スライドショーの経過時間が表示されます。

❷タイマーを停止します
タイマーのカウントを一時的に停止します。
※一時停止中は、▶（タイマーを再開します）に変わります。

❸タイマーを再スタートします
タイマーをリセットして、「0：00：00」に戻します。

❹現在の時刻
現在の時刻を表示します。

❺現在のスライド
スクリーンに表示されているスライドを表示します。

❻次のスライド
次に表示されるスライドを表示します。

❼ペンとレーザーポインターツール
ペンや蛍光ペンでスライドに書き込みができます。
※ペンや蛍光ペンを解除するには、Escを押します。

❽すべてのスライドを表示します
すべてのスライドを一覧で表示します。
※一覧から元の画面に戻るには、Escを押します。

❾スライドを拡大します
スクリーンにスライドの一部を拡大して表示します。
※拡大した画面から元の画面に戻るには、Escを押します。

❿スライドショーをカットアウト/カットイン（ブラック）します
画面を黒くして、表示中のスライドを一時的に非表示にします。
※黒い画面から元の画面に戻るには、Escを押します。

⓫カメラの切り替え
スライドにレリーフが挿入されている場合、カメラのオンとオフを切り替えます。

⓬前のアニメーションまたはスライドに戻る
前のアニメーションやスライドを表示します。

⓭スライド番号/全スライド枚数
表示中のスライドのスライド番号とすべてのスライドの枚数を表示します。クリックすると、すべてのスライドが一覧で表示されます。
※一覧から元の画面に戻るには、Escを押します。

⓮次のアニメーションまたはスライドに進む
次のアニメーションやスライドを表示します。

⓯ノート
ノートペインに入力したスライドの補足説明が表示されます。

⓰テキストを拡大します
ノートの文字を拡大して表示します。

⓱テキストを縮小します
ノートの文字を縮小して表示します。

4 スライドショーの実行

発表者ツールを使って、スライドショーを実行しましょう。

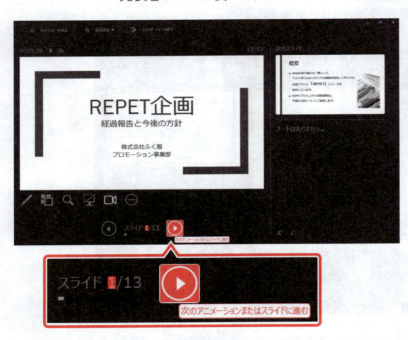

①発表者ツールの画面に、スライド1が表示されていることを確認します。
②《次のアニメーションまたはスライドに進む》をクリックします。
※スライド上をクリック、または Enter を押してもかまいません。

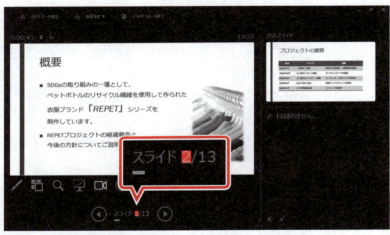

スライド2が表示されます。
③同様に、最後のスライドまで表示します。

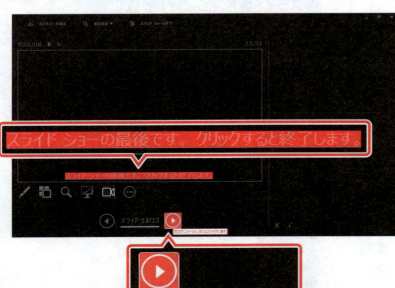

スライドショーが終了すると、「**スライドショーの最後です。クリックすると終了します。**」というメッセージが表示されます。
④《次のアニメーションまたはスライドに進む》をクリックします。
※スライド上をクリック、または Enter を押してもかまいません。

スライドショーが終了し、元の表示モードに戻ります。

STEP UP レリーフ

「レリーフ」とは、スライドにカメラの映像を表示する枠のことで、スライドショー中の映像をリアルタイムに表示できます。レリーフは「カメオ」と呼ばれることもあります。発表者の顔を出してプレゼンテーションを実施する場合などに便利です。
レリーフを挿入する方法は、次のとおりです。

◆《挿入》タブ→《カメラ》グループの《レリーフの挿入》の▼→《このスライド》／《すべてのスライド》

《レリーフ》

5 目的のスライドへジャンプ

発表者ツールの《すべてのスライドを表示します》を使うと、スライドの一覧から目的のスライドを選択してジャンプできます。スクリーンにはスライドの一覧は表示されず、表示中のスライドから目的のスライドに一気にジャンプしたように見えます。
発表者ツールを使って、スライド7にジャンプしましょう。

①スライド1を選択します。
②ステータスバーの《スライドショー》をクリックします。

パソコンのディスプレイに発表者ツール、スクリーンにスライドショーが表示されます。
③《すべてのスライドを表示します》をクリックします。

181

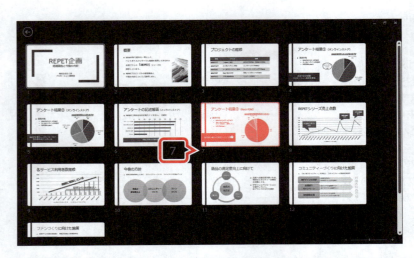

すべてのスライドが一覧で表示されます。

※スクリーンに一覧は表示されず、直前のスライドが表示されたままの状態になります。

④スライド7をクリックします。

※一覧に表示されていない場合は、スクロールして調整します。

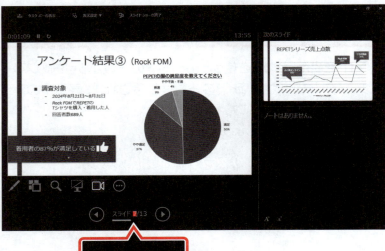

発表者ツールに、スライド7が表示されます。

※スクリーンにもスライド7が表示されます。

6 スライドの拡大表示

発表者ツールの《スライドを拡大します》を使うと、スライドの一部を拡大して表示できます。スライド7にある円グラフを拡大して表示しましょう。

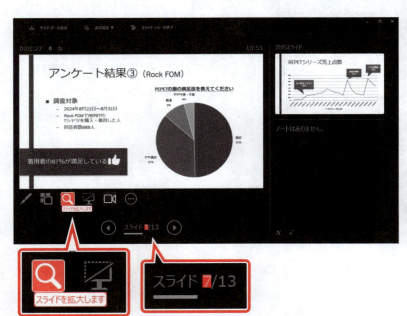

①スライド7が表示されていることを確認します。

②《スライドを拡大します》をクリックします。

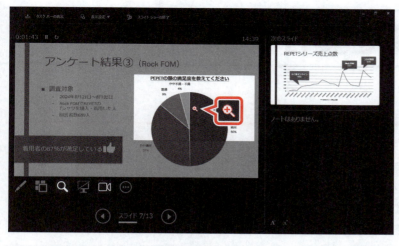

③スライド上をポイントします。

マウスポインターの形が🔍に変わります。

④円グラフをポイントします。

※通常の色で表示されている長方形の枠内が拡大して表示されます。グレーで網かけされている部分は一時的に非表示になります。

⑤クリックします。

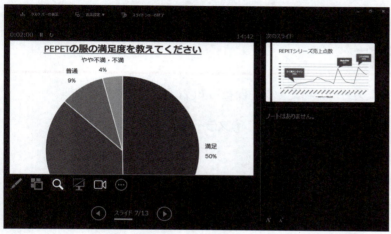

スライドの一部が拡大して表示されます。

⑥ Esc を押します。

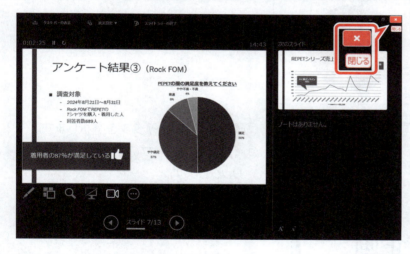

元の表示に戻ります。

⑦発表者ツールの《閉じる》をクリックします。

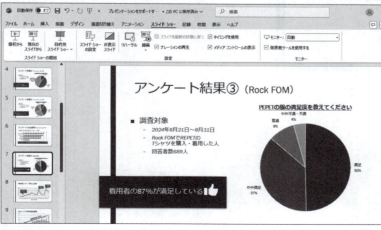

⑧元の表示に戻ります。

※パソコンからプロジェクターの接続を外しておきましょう。

STEP 5 リハーサルを実行する

1 リハーサル

「リハーサル」を使うと、プレゼンテーションの内容に合わせて、スライドショー全体の所要時間や、各スライドの表示時間を記録することができます。発表者は、原稿を準備して本番と同じようにプレゼンテーションを行い、必要な時間を確認できます。
また、リハーサルを実行すると、スライドを切り替えるタイミングを保存することもできます。
リハーサルは、発表内容を決めたり、時間配分を調整したりするのに役立ちます。

2 リハーサルの実行

リハーサルを実行し、スライドショーのタイミングを保存しましょう。

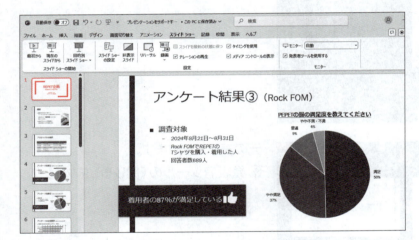

①スライド1を選択します。

②《スライドショー》タブを選択します。
③《設定》グループの《リハーサル》をクリックします。

プレゼンテーションのリハーサルが始まり、画面左上に《記録中》ツールバーが表示されます。

④スライドをクリックします。
※ Enter を押してもかまいません。
※本来は、表示されているスライドの発表原稿を読んでから、次のスライドを表示します。
⑤同様に、クリックして最後のスライドまで進めます。

リハーサルが終了すると、図のようなメッセージが表示されます。
スライドが切り替わるタイミングを記録します。
⑥《はい》をクリックします。

リハーサルが終了し、元の表示モードに戻ります。
スライド一覧表示に切り替えて、保存されたタイミングを確認します。
⑦ステータスバーの《スライド一覧》をクリックします。

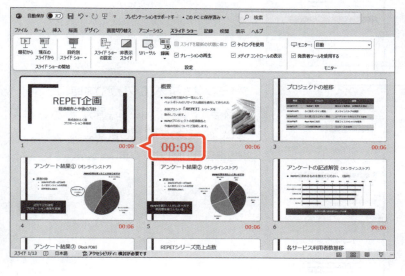

⑧各スライドの右下に、記録した時間が表示されていることを確認します。
※スライドショーを実行し、記録した時間で自動的にスライドが切り替わることを確認しておきましょう。確認できたら、 Esc を押して、スライドショーを終了しておきましょう。

185

> **POINT 《記録中》ツールバー**
>
> リハーサル中に表示される《記録中》ツールバーの各部の名称と役割は、次のとおりです。
>
>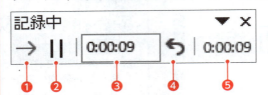
>
> ❶ 次へ
> 次のスライドを表示します。
>
> ❷ 記録の一時停止
> リハーサル中に一時的に表示時間のカウントを停止します。
>
> ❸ スライド表示時間
> 現在のスライドの表示時間をカウントします。
>
> ❹ 繰り返し
> 現在のスライドの表示時間をリセットし、再度カウントしなおします。
> クリックすると、表示時間のカウントを停止します。
>
> ❺ 所要時間
> リハーサル全体の所要時間が表示されます。

3 スライドのタイミングのクリア

記録したスライドが切り替わるタイミングを、すべてクリアしましょう。

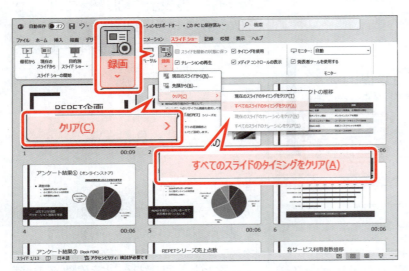

①《スライドショー》タブを選択します。
②《設定》グループの《このスライドから録画》の▼をクリックします。
③《クリア》をポイントします。
④《すべてのスライドのタイミングをクリア》をクリックします。

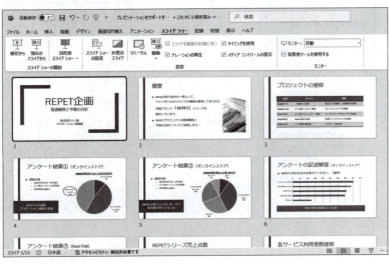

タイミングがすべてクリアされます。
⑤ スライドの右下に、時間が表示されていないことを確認します。
※標準表示に戻しておきましょう。

STEP 6 目的別スライドショーを作成する

1 目的別スライドショー

「目的別スライドショー」とは、既存のプレゼンテーションをもとに、目的に合わせて必要なスライドだけを選択したり、表示順序を入れ替えたりして独自のスライドショーを実行する機能です。
発表時間や出席者などに合わせて、スライドショーのパターンをいくつか用意する場合などに便利です。新しいパターンのスライドショーには、名前を付けて登録します。

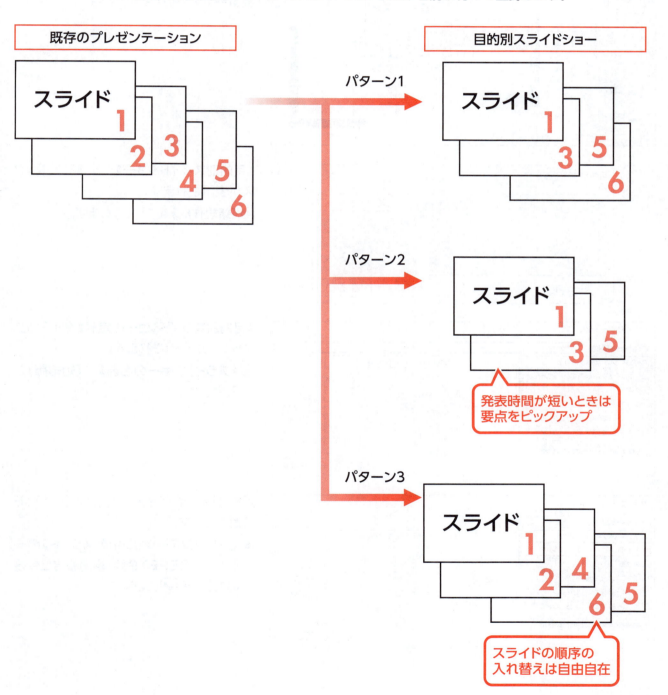

2 目的別スライドショーの作成

既存のプレゼンテーションを使って、次のような目的別スライドショーを作成しましょう。

```
スライドショーの名前 ：短縮版
追加するスライド番号 ：1、2、3、10、11、12、13
```

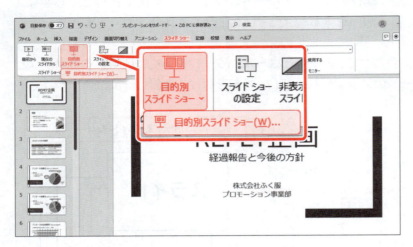

① 《スライドショー》タブを選択します。
② 《スライドショーの開始》グループの《目的別スライドショー》をクリックします。
③ 《目的別スライドショー》をクリックします。

《目的別スライドショー》ダイアログボックスが表示されます。
④ 《新規作成》をクリックします。

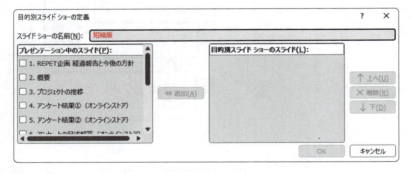

《目的別スライドショーの定義》ダイアログボックスが表示されます。
⑤ 《スライドショーの名前》に「短縮版」と入力します。

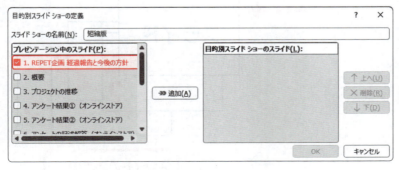

目的別スライドショーに追加するスライドを選択します。
⑥ 《プレゼンテーション中のスライド》の一覧の「1.REPET企画 経過報告と今後の方針」を☑にします。

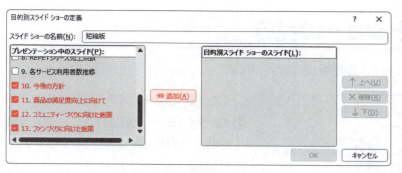

⑦同様に、次のスライドを☑にします。

> 2.概要
> 3.プロジェクトの推移
> 10.今後の方針
> 11.商品の満足度向上に向けて
> 12.コミュニティーづくりに向けた施策
> 13.ファンづくりに向けた施策

※一覧に表示されていない場合は、スクロールして調整します。

⑧《追加》をクリックします。

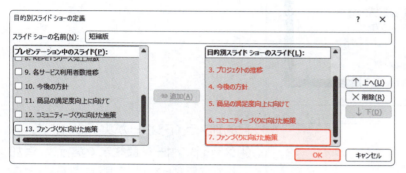

《目的別スライドショーのスライド》に選択したスライドが追加されます。

※目的別スライドショーのスライド番号は自動的に振りなおされます。

⑨《OK》をクリックします。

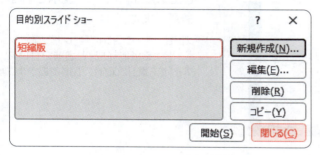

《目的別スライドショー》ダイアログボックスに戻ります。

⑩「短縮版」が登録されていることを確認します。

⑪《閉じる》をクリックします。

STEP UP 《目的別スライドショーの定義》

《目的別スライドショーの定義》ダイアログボックスの各部の名称と役割は、次のとおりです。

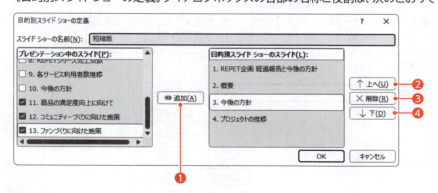

❶追加
目的別スライドショーにスライドを追加します。

❷上へ
目的別スライドショーのスライドの順番を1つ前にします。

❸削除
目的別スライドショーからスライドを削除します。

❹下
目的別スライドショーのスライドの順番を1つしろにします。

3 目的別スライドショーの実行

作成した目的別スライドショー「**短縮版**」を実行しましょう。

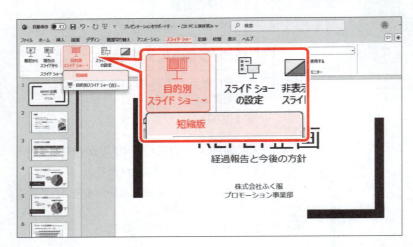

①《スライドショー》タブを選択します。
②《スライドショーの開始》グループの《**目的別スライドショー**》をクリックします。
③「**短縮版**」をクリックします。

目的別スライドショーが実行されます。
④スライドショーを最後まで実行し、追加したスライドだけが表示されることを確認します。
※プレゼンテーションに「プレゼンテーションをサポートする機能完成」と名前を付けて、フォルダー「第8章」に保存し、閉じておきましょう。

POINT 目的別スライドショーの削除

目的別スライドショーを削除する方法は、次のとおりです。
◆《スライドショー》タブ→《スライドショーの開始》グループの《目的別スライドショー》→《目的別スライドショー》→一覧から削除するスライドショーを選択→《削除》

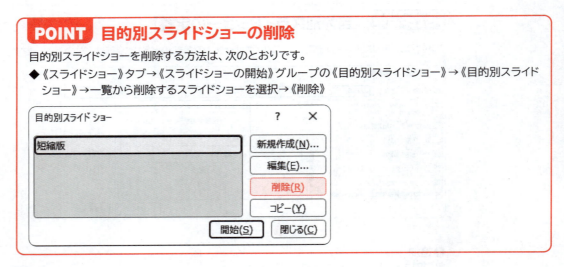

練習問題

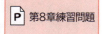

あなたは、社員の健康推進をサポートする業務を担当しており、「全社ウォーキングイベント企画」のプレゼンテーションを作成しています。ここでは、プレゼンテーションを実施する準備をします。
完成図を参考に、プレゼンテーションを操作しましょう。

●完成図

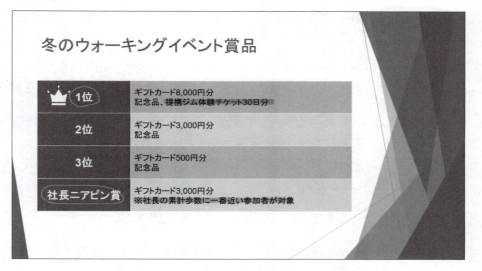

```
                                                                                    2025/4/1
  1 □ 全社ウォーキング
        イベント企画
        2025年度版
        健康推進室
  2 □ イベントのねらい
        ▶社員の健康促進
            ▶テレワーク推進による運動不足を解消する。
            ▶調査の結果、78%が運動不足を感じている。
        ▶社員のコミュニケーション促進
            ▶テレワーク推進によるコミュニケーション不足を解消する。
            ▶調査の結果、74%がコミュニケーション不足を感じている。
  3 □ 春のウォーキングイベント
        ▶イベント概要
            ✓5月1日（木）～5月31日（土）
            ✓累計25万歩を達成した参加者全員にギフトカード500円分を進呈
            ✓参加申し込み時にウェアラブル端末購入クーポンを進呈
  4 □ 秋のウォーキングイベント
        ▶イベント概要
            ✓11月1日（土）～11月30日（日）
            ✓毎日8,000歩を達成した参加者全員にギフトカード1,000円分を進呈
            ✓平均8,000歩以上達成でもギフトカード500円分を進呈
  5 □ 冬のウォーキングイベント
        ▶イベント概要
            ✓2月1日（日）～2月28日（土）
            ✓コミュニケーション促進のため、チーム対抗で累計歩数を競う
            ✓チームの順位に応じて、メンバー全員にギフトカードを進呈
  6 □ 冬のウォーキングイベント賞品
  7 □ 社内アンケート①
  8 □ 社内アンケート②
  9 □ 上手な歩き方
 10 □ イベント参加時に心掛けてほしいこと
 11 □ 社内の健康コミュニティー
        ▶ひと駅歩く会
```

```
                                                                                    2025/4/1
            会社の最寄り駅のひと駅前で降りて、会社まで歩く会です。
        ▶週末テニス部
            毎月第2、第4土曜日に活動しています。
        ▶カロリー撲滅委員会
            毎日食べたメニューを共有しています。
 12 □ ウォーキングイベントに関する連絡先
        ▶健康推進室
            ●内線715-631
        ▶総務部
            ●佐藤（内線716-832）
            ●中村（内線716-793）
```

① スライドショーを実行し、スライド1からスライド6にジャンプしましょう。

② スライドショー実行中のスライド6で、1列目の「1位」「社長ニアピン賞」をオレンジのペンで丸く囲み、2列目の「**提携ジム体験チケット30日分**」「**※社長の累計歩数に一番近い参加者が対象**」を黄色の蛍光ペンで強調しましょう。
操作後、ペンを解除しましょう。

③ ペンや蛍光ペンの内容を保持して、スライドショーを終了しましょう。

④ プレゼンテーションをアウトラインの形式で1部印刷しましょう。

HINT アウトラインの形式で印刷するには、《ファイル》タブ→《印刷》→《フルページサイズのスライド》→《アウトライン》を使います。

⑤ スライド1から最後のスライドまで、リハーサルを実行しましょう。
操作後、スライドが切り替わるタイミングは保存せずに、リハーサルを終了しましょう。

⑥ パソコンにプロジェクターや外部ディスプレイを接続し、パソコンのディスプレイに発表者ツール、プロジェクターなどにスライドショーを表示しましょう。
プロジェクターや外部ディスプレイがない場合は、パソコンのディスプレイに発表者ツールを表示しましょう。

⑦ 発表者ツールを使って、スライド12にジャンプしましょう。

⑧ 発表者ツールを使って、スライド12の箇条書きテキストを拡大して表示しましょう。
操作後、発表者ツールを閉じましょう。

⑨ 次のような目的別スライドショーを作成しましょう。

スライドショーの名前 ：冬のイベント用
追加するスライド番号：1、5、6、9、10、12

---

⑩ 作成した目的別スライドショー「**冬のイベント用**」を実行しましょう。

※プレゼンテーションに「第8章練習問題完成」と名前を付けて、フォルダー「第8章」に保存し、閉じておきましょう。

総合問題

総合問題1	194
総合問題2	197
総合問題3	200
総合問題4	203
総合問題5	206

 # 総合問題1

標準解答 ▶ P.12

あなたは、学校法人に勤務しており、広報を担当しています。このたび、入学説明会用のプレゼンテーションを作成することになりました。
次のようなプレゼンテーションを作成しましょう。

※標準解答は、FOM出版のホームページで提供しています。P.5「5 学習ファイルと標準解答のご提供について」を参照してください。

●完成図

1枚目

2枚目

3枚目

4枚目
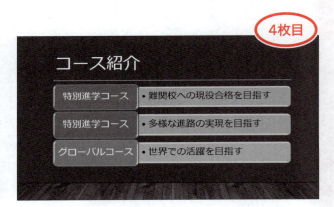

① PowerPointを起動し、新しいプレゼンテーションを作成しましょう。

② プレゼンテーションにテーマ「**ギャラリー**」を適用し、テーマの配色を「**黄緑**」に変更しましょう。

③ テーマのフォントを「**Calibri　メイリオ　メイリオ**」に変更しましょう。

④ テーマの背景のスタイルを「**スタイル3**」に変更しましょう。

HINT テーマの背景のスタイルを変更するには、《デザイン》タブ→《バリエーション》グループの □ →《背景のスタイル》を使います。

⑤ スライド1に、次のタイトルとサブタイトルを入力しましょう。

タイトル

入学説明会

サブタイトル

FOMアカデミックスクール

※英字は半角で入力します。

⑥ タイトル「**入学説明会**」のフォントサイズを「**80**」、サブタイトル「**FOMアカデミックスクール**」のフォントサイズを「**32**」にそれぞれ設定しましょう。

⑦ スライド1のうしろに、新しいスライドを挿入しましょう。
スライドのレイアウトは「**タイトルとコンテンツ**」にします。

⑧ スライド2に、次のタイトルと箇条書きテキストを入力しましょう。

タイトル

学校概要

箇条書きテキスト

法人名 [Enter] 学校法人□FOMアカデミックスクール [Enter] 理事長 [Enter] 富士太郎 [Enter] 設立 [Enter] 1969年4月 [Enter] 住所 [Enter] 東京都港区芝X-X-X

※ [Enter] で改行します。
※□は全角空白を表します。
※英数字・記号は半角で入力します。

⑨ タイトル「**学校概要**」のフォントサイズを「**54**」に設定しましょう。

⑩ 箇条書きテキスト「**学校法人　FOMアカデミックスクール**」「**富士太郎**」「**1969年4月**」「**東京都港区芝X-X-X**」のレベルを1段階下げましょう。

⑪ スライド2に、フォルダー「**総合問題**」の画像「**学校**」を挿入しましょう。

⑫ 完成図を参考に、画像のサイズと位置を調整しましょう。

⑬ スライド2のうしろに、新しいスライドを挿入しましょう。
スライドのレイアウトは「**タイトルとコンテンツ**」にします。

⑭ スライド3に、タイトル「**教育方針**」を入力し、フォントサイズを「**54**」に設定しましょう。

⑮ スライド3に、SmartArtグラフィック「**台形リスト**」を作成しましょう。

(HINT) ● コンテンツのプレースホルダーが配置されているスライドでは、プレースホルダーの 📇
（SmartArtグラフィックの挿入）を使います。
● 《台形リスト》は《リスト》に分類されます。

⑯ テキストウィンドウを使って、SmartArtグラフィックの最上位のレベルに次の項目を入力しましょう。

主体性 **知性** **人間性**

(HINT) テキストウィンドウの不要な項目を削除するには、テキストウィンドウの項目を選択→ [Back Space] を押します。

⑰ SmartArtグラフィックに、色「**カラフル-全アクセント**」とスタイル「**マンガ**」を適用しましょう。

⑱ スライド3のうしろに、新しいスライドを挿入しましょう。
スライドのレイアウトは「**タイトルとコンテンツ**」にします。

⑲ スライド4に、タイトル「**コース紹介**」を入力し、フォントサイズを「**54**」に設定しましょう。

⑳ スライド4に、SmartArtグラフィック「**縦方向ボックスリスト**」を作成しましょう。

(HINT) 《縦方向ボックスリスト》は《リスト》に分類されます。

㉑ テキストウィンドウを使って、SmartArtグラフィックに次の項目を入力しましょう。

特別進学コース 　難関校への現役合格を目指す **総合進学コース** 　多様な進路の実現を目指す **グローバルコース** 　世界での活躍を目指す

㉒ SmartArtグラフィックに、色「**カラフル-全アクセント**」とスタイル「**マンガ**」を適用しましょう。

㉓ スライド1からスライドショーを実行しましょう。

※ プレゼンテーションに「総合問題1完成」と名前を付けて、フォルダー「総合問題」に保存し、閉じておきましょう。

総合問題2

PDF
標準解答 ▶ P.15

OPEN
総合問題2

あなたは、勤務している旅館の魅力を伝えるためのプレゼンテーションを作成することになりました。
完成図のようなスライドを作成しましょう。

●完成図

1枚目

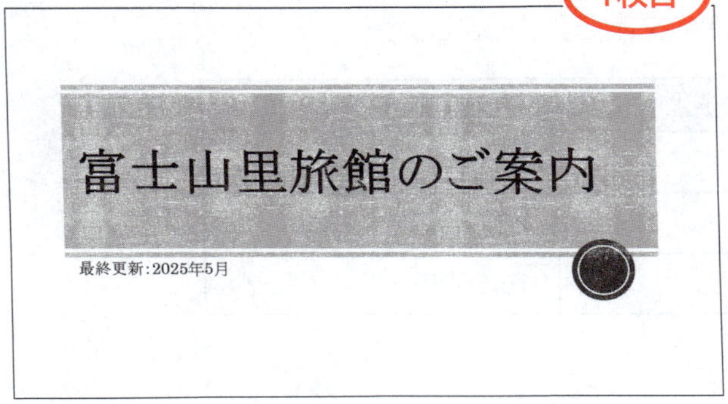

富士山里旅館のご案内
最終更新：2025年5月

2枚目

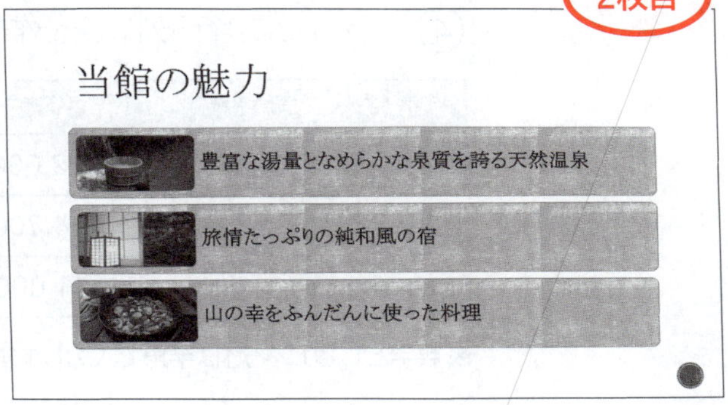

当館の魅力
豊富な湯量となめらかな泉質を誇る天然温泉
旅情たっぷりの純和風の宿
山の幸をふんだんに使った料理

3枚目

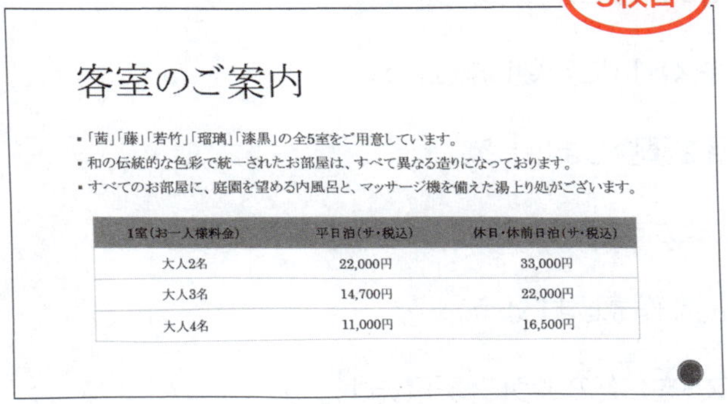

客室のご案内
▪「茜」「藤」「若竹」「瑠璃」「漆黒」の全5室をご用意しています。
▪和の伝統的な色彩で統一されたお部屋は、すべて異なる造りになっております。
▪すべてのお部屋に、庭園を望める内風呂と、マッサージ機を備えた湯上り処がございます。

1室（お一人様料金）	平日泊（サ・税込）	休日・休前日泊（サ・税込）
大人2名	22,000円	33,000円
大人3名	14,700円	22,000円
大人4名	11,000円	16,500円

4枚目

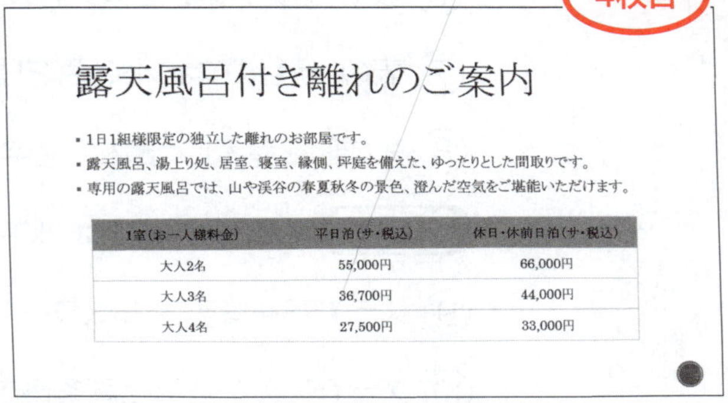

露天風呂付き離れのご案内
▪1日1組様限定の独立した離れのお部屋です。
▪露天風呂、湯上り処、居室、寝室、縁側、坪庭を備えた、ゆったりとした間取りです。
▪専用の露天風呂では、山や渓谷の春夏秋冬の景色、澄んだ空気をご堪能いただけます。

1室（お一人様料金）	平日泊（サ・税込）	休日・休前日泊（サ・税込）
大人2名	55,000円	66,000円
大人3名	36,700円	44,000円
大人4名	27,500円	33,000円

5枚目

お風呂のご案内
お風呂はすべて源泉かけ流し！

効能	神経痛、筋肉痛、関節痛、五十肩、運動麻痺、うちみ、くじき、冷え性、疲労回復、健康増進、慢性皮膚病
泉質	硫酸塩泉、炭酸水素塩泉、塩化物泉
泉温	42.6度

6枚目

交通のご案内
▪お車でお越しのお客様
▪関越自動車道→渋川伊香保IC →R33経由（約10km）
▪電車でお越しのお客様
▪JR渋川駅より路線バスで25分 →富士山里旅館前下車
富士山里旅館
渋川駅
富士山里旅館　〒377-XXXX　渋川市伊香保町XX-XX
Tel：0279-97-XXXX　Mail:fujiyamazato@xx.xx

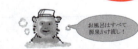

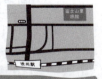

① テーマの配色を「ペーパー」に変更しましょう。

② スライド2のSmartArtグラフィックのレイアウトを「縦方向画像リスト」に変更しましょう。

③ ②のSmartArtグラフィックに、次のようにフォルダー「総合問題」の画像を挿入しましょう。

上	：温泉
中央	：宿
下	：料理

HINT SmartArtグラフィックに画像を挿入するには、SmartArtグラフィック内の 🖾 を使います。

④ スライド3に4行3列の表を作成し、次の文字を入力しましょう。

1室（お一人様料金）	平日泊（サ・税込）	休日・休前日泊（サ・税込）
大人2名	22,000円	33,000円
大人3名	14,700円	22,000円
大人4名	11,000円	16,500円

※数字と「,（カンマ）」は半角で入力します。

⑤ 完成図を参考に、表の位置とサイズを調整しましょう。

⑥ 表に、スタイル「淡色スタイル2-アクセント1」を適用しましょう。

⑦ 表の1行目のフォントの色を「黒、テキスト1」に変更しましょう。

⑧ 完成図を参考に、表内の文字の配置を調整しましょう。

HINT 表内の文字の配置は、水平方向、垂直方向の配置をそれぞれ調整します。

⑨ スライド3を複製して、スライド4を新しく作成しましょう。

⑩ スライド4のタイトルと箇条書きテキストを、次のように修正しましょう。

タイトル

露天風呂付き離れのご案内

箇条書きテキスト

・1日1組様限定の独立した離れのお部屋です。 ・露天風呂、湯上り処、居室、寝室、縁側、坪庭を備えた、ゆったりとした間取りです。 ・専用の露天風呂では、山や渓谷の春夏秋冬の景色、澄んだ空気をご堪能いただけます。

※数字は半角で入力します。

⑪ スライド4の表内の文字を、次のように修正しましょう。

1室（お一人様料金）	平日泊（サ・税込）	休日・休前日泊（サ・税込）
大人2名	55,000円	66,000円
大人3名	36,700円	44,000円
大人4名	27,500円	33,000円

※数字と「,（カンマ）」は半角で入力します。

⑫ スライド5の吹き出しの図形に、次のように書式を設定しましょう。

塗りつぶしの色 ：ブルーグレー、アクセント6、白+基本色60%
枠線　　　　　：なし
フォントの色 ：黒、テキスト1

HINT 図形に書式を設定するには、《図形の書式》タブ→《図形のスタイル》グループを使います。

⑬ スライド5の猿の画像と吹き出しの図形に、次のようにアニメーションを設定しましょう。

猿の画像　　　：「強調」の「シーソー」
吹き出しの図形 ：「開始」の「ワイプ」

⑭ 吹き出しの図形のアニメーションが、左から表示されるように変更しましょう。

⑮ 猿の画像と吹き出しの図形のアニメーションのタイミングを「**直前の動作と同時**」に変更しましょう。

HINT アニメーションのタイミングを変更するには、《アニメーション》タブ→《タイミング》グループを使います。

⑯ スライド6に、フォルダー「**総合問題**」の画像「**地図**」を挿入しましょう。

⑰ 完成図を参考に、画像のサイズと位置を調整しましょう。

⑱ すべてのスライドに「**風**」の画面切り替えを設定しましょう。

⑲ すべてのスライドの画面切り替えの向きを「**左**」に変更しましょう。

⑳ スライド1からスライドショーを実行しましょう。

※プレゼンテーションに「総合問題2完成」と名前を付けて、フォルダー「総合問題」に保存し、閉じておきましょう。

総合問題3

PDF 標準解答 ▶ P.18

総合問題3

あなたは、保険会社に勤務しており、新しい自動車保険を案内するプレゼンテーションを作成することになりました。
完成図のようなスライドを作成しましょう。

● 完成図

1枚目

2枚目

3枚目
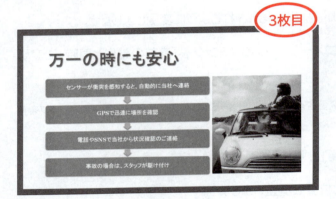

4枚目
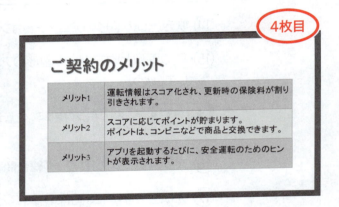

5枚目
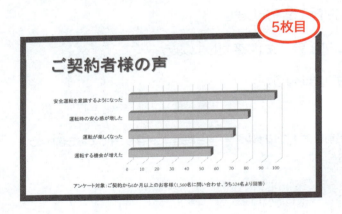

6枚目

① 完成図を参考に、スライド2に車のアイコンを挿入しましょう。
次に、アイコンにスタイル「**塗りつぶし-アクセント6、枠線なし**」を適用しましょう。

※インターネットに接続している状態で操作します。

② 完成図を参考に、アイコンの位置とサイズを調整しましょう。

③ スライド4の表から2列目を削除しましょう。
次に、3行目を挿入し、次の文字を入力しましょう。

メリット3	アプリを起動するたびに、安全運転のためのヒントが表示されます。

※数字は半角で入力します。

④ 完成図を参考に、表のサイズを調整しましょう。

⑤ 表に、スタイル「**中間スタイル4-アクセント2**」を適用しましょう。

⑥ 表全体のフォントサイズを「**28**」に設定しましょう。

⑦ 完成図を参考に、表内の文字の配置を調整しましょう。

HINT 表内の文字の配置は、垂直方向、水平方向の配置をそれぞれ調整します。

⑧ スライド5に、次のデータをもとに3-D集合横棒グラフを作成しましょう。

	設置後の感想
運転する機会が増えた	55
運転が楽しくなった	70
運転時の安心感が増した	80
安全運転を意識するようになった	98

※列の幅を広げて、入力した文字が確認できるようにしておきましょう。

HINT ワークシートの列を削除するには、列番号を選択→選択した列番号を右クリック→《削除》を使います。

⑨ グラフに、色「**カラフルなパレット3**」とスタイル「**スタイル4**」を適用しましょう。

⑩ グラフ全体のフォントサイズを「**16**」に設定しましょう。

⑪ グラフのグラフタイトルと凡例を非表示にしましょう。

HINT グラフ要素を非表示にするには、《グラフのデザイン》タブ→《グラフのレイアウト》グループの《グラフ要素を追加》を使います。

⑫ 完成図を参考に、グラフのサイズと位置を調整しましょう。

⑬ スライド6の箇条書きテキストを、SmartArtグラフィック「**矢印と長方形のプロセス**」に変換しましょう。

⑭ SmartArtグラフィックの色を「**カラフル-アクセント2から3**」に変更しましょう。

⑮ SmartArtグラフィックに、スタイル「**光沢**」を適用しましょう。

⑯ SmartArtグラフィック全体のフォントサイズを「**18**」に設定しましょう。
次に、「**お見積り**」「**お申し込み**」「**設定**」「**ご利用開始**」のフォントサイズを「**28**」に設定しましょう。

HINT SmartArtグラフィック内の一部の文字に書式を設定するには、設定する文字を選択してから操作します。

⑰ 完成図を参考に、スライド6に「**星：12pt**」の図形を作成し、「**4ステップで完了！**」と文字を追加しましょう。

※数字は半角で入力します。

⑱ ⑰で作成した図形に、スタイル「**グラデーション-オレンジ、アクセント3**」を適用しましょう。

⑲ 完成図を参考に、図形の位置とサイズを調整し、回転しましょう。

HINT 図形を回転するには、図形を選択すると上側に表示される を使います。

⑳ スライド7に、フォルダー「**総合問題**」の画像「**オペレーター**」を挿入しましょう。

㉑ 完成図を参考に、画像の位置とサイズを調整しましょう。

㉒ 画像に、スタイル「**対角を切り取った四角形、白**」を適用しましょう。

㉓ スライド1からスライドショーを実行しましょう。

※プレゼンテーションに「総合問題3完成」と名前を付けて、フォルダー「総合問題」に保存し、閉じておきましょう。

総合問題4

あなたは、新しく始める動画配信サービスの内容を紹介するプレゼンテーションを作成することになりました。
完成図のようなスライドを作成しましょう。

● 完成図

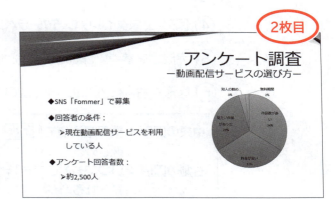

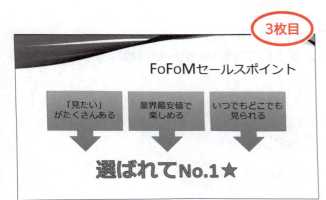

① スライド2の箇条書きテキストの行間を、標準の1.5倍に設定しましょう。

② 完成図を参考に、スライド3に**「吹き出し：下矢印」**の図形を作成し、次のように文字を追加しましょう。

「見たい」 [Enter]
がたくさんある

※ [Enter] で改行します。

③ 図形のフォントサイズを**「28」**に設定しましょう。

④ 図形に、スタイル**「パステル-ラベンダー、アクセント4」**を適用しましょう。

⑤ 完成図を参考に、図形の位置とサイズを調整しましょう。

⑥ 図形を右側に2つコピーし、次のように文字を修正しましょう。

中央の図形 ： 業界最安値で [Enter]
　　　　　　　楽しめる
右側の図形 ： いつでもどこでも [Enter]
　　　　　　　見られる

※ [Enter] で改行します。

⑦ スライド3に、ワードアート**「選ばれてNo.1★」**を挿入しましょう。
ワードアートのスタイルは**「塗りつぶし：プラム、アクセントカラー2；輪郭：プラム、アクセントカラー2」**にします。

※英数字と「. (ピリオド) 」は半角で入力します。
※「★」は「ほし」と入力して変換します。

⑧ ワードアートのフォントサイズを**「66」**に設定しましょう。

⑨ 完成図を参考に、ワードアートの位置を調整しましょう。

⑩ ワードアートに、**「強調」**の**「パルス」**のアニメーションを設定しましょう。

⑪ スライド4に、4行2列の表を作成し、次の文字を入力しましょう。

サービス名	作品タイトル数
FoFoM	約15万本
サービスA	約65,000本
サービスB	約50,000本

※英数字と「, (カンマ) 」は半角で入力します。
※「FoFoM」の「o」は小文字で入力します。

⑫ 完成図を参考に、表の位置とサイズを調整しましょう。

⑬ 表に、スタイル**「淡色スタイル2-アクセント2」**を適用しましょう。

⑭ 表全体のフォントサイズを**「24」**に変更しましょう。

⑮ 完成図を参考に、表内の文字の配置を調整しましょう。

HINT 表内の文字の配置は、水平方向、垂直方向の配置をそれぞれ調整します。

⑯ スライド4の表を、スライド5にコピーしましょう。

HINT 表をコピーするには、表全体を選択してから操作します。

⑰ スライド5の表内の文字を、次のように修正しましょう。

サービス名	料金（税込）
FoFoM	月額480円
サービスA	年額6,600円
サービスB	月額800円

※英数字と「,（カンマ）」は半角で入力します。

⑱ スライド6に、フォルダー「**総合問題**」の画像「**スマートフォン**」を挿入しましょう。

⑲ 画像の色を「**ラベンダー、アクセント4（淡）**」に変更しましょう。

HINT 画像の色を変更するには、《図の形式》タブ→《調整》グループ→《色》を使います。

⑳ 完成図を参考に、画像のサイズと位置を調整しましょう。

㉑ スライド6の箇条書きテキストの行頭文字を、次のように変更しましょう。

箇条書きテキスト	行頭文字
様々なデバイスに対応	◆（塗りつぶしひし形の行頭文字）
スマートフォン、パソコン、テレビ…	➢（矢印の行頭文字）
ダウンロード可能	◆（塗りつぶしひし形の行頭文字）
動画をダウンロードしておけば、…	➢（矢印の行頭文字）

㉒ スライド1からスライドショーを実行しましょう。

※プレゼンテーションに「総合問題4完成」と名前を付けて、フォルダー「総合問題」に保存し、閉じておきましょう。

総合問題5

あなたは、イベント企画の仕事をしており、デザインコンテストの募集要項のプレゼンテーションを作成することになりました。
完成図のようなスライドを作成しましょう。

●完成図

1枚目

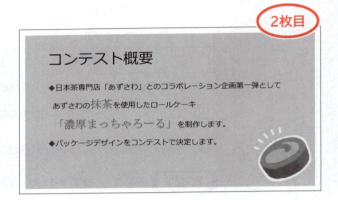
2枚目

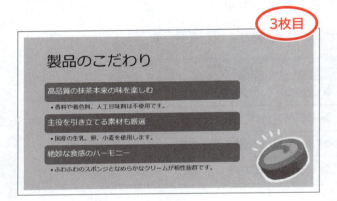
3枚目

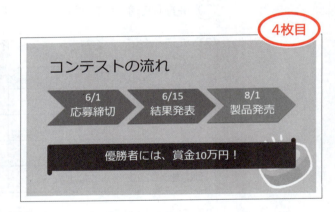
4枚目

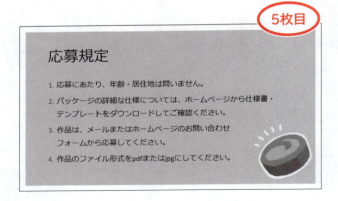
5枚目

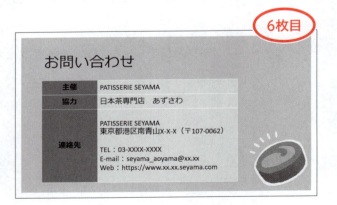
6枚目

① テーマの配色を「**黄緑**」に変更しましょう。

② スライド2の文字「**抹茶**」に、次のように書式を設定しましょう。

フォント　　　：MS明朝
フォントサイズ：36
フォントの色　：緑、アクセント2
太字

③ 文字「**抹茶**」に設定した書式を、文字「**「濃厚まっちゃろーる」**」にコピーしましょう。

HINT 書式をコピーするには、《ホーム》タブ→《クリップボード》グループの《書式のコピー/貼り付け》を使います。

④ スライド3の箇条書きテキストを、SmartArtグラフィック「**縦方向箇条書きリスト**」に変換しましょう。

⑤ SmartArtグラフィックの色を「**カラフル-アクセント2から3**」に変更しましょう。

⑥ SmartArtグラフィックに、「**開始**」の「**スライドイン**」のアニメーションを設定しましょう。

⑦ SmartArtグラフィックのアニメーションのオブジェクトが、個別に表示されるように変更しましょう。
次に、アニメーションが再生されるタイミングを「**直前の動作の後**」に変更しましょう。

HINT オブジェクトを個別に表示するには、《アニメーション》タブ→《アニメーション》グループの《効果のオプション》→《個別》を使います。

⑧ スライド4のSmartArtグラフィックの最後に、次の項目を追加しましょう。

8/1 [Shift] + [Enter]
製品発売

※数字・記号は半角で入力します。

HINT テキストウィンドウの項目内で強制的に改行するには、[Shift] + [Enter] を押します。

⑨ スライド4の「**優勝者には、…**」の図形に、塗りつぶしの色「**濃い緑、テキスト2**」を設定しましょう。

⑩ スライド4のSmartArtグラフィックと「**優勝者には、…**」の図形に、次のようにアニメーションを設定しましょう。

SmartArtグラフィック　　：「開始」の「ワイプ」
「優勝者には、…」の図形：「開始」の「ランダムストライプ」

⑪ スライド4のSmartArtグラフィックのアニメーションが、左から表示されるように変更しましょう。

⑫ スライド5の箇条書きテキストの行頭文字を、次のように変更しましょう。

行頭文字 ：	段落番号「1.2.3.」
色　　　：	緑、アクセント2、黒+基本色25%

HINT 行頭文字の色を変更するには、《ホーム》タブ→《段落》グループの《段落番号》の▼→《箇条書きと段落番号》を使います。

⑬ スライド6の表の1行目と2行目の間に行を挿入し、次の文字を入力しましょう。

協力	日本茶専門店□あずさわ

※□は全角空白を表します。

⑭ すべてのスライドに、画面切り替え**「時計」**を設定しましょう。

⑮ 7秒経過すると、自動的に次のスライドに切り替わるように、すべてのスライドを設定しましょう。

⑯ スライド1からスライドショーを実行しましょう。

⑰ プレゼンテーションを、配布資料の**「6スライド(横)」**の形式で、1部印刷しましょう。

※プレゼンテーションに「総合問題5完成」と名前を付けて、フォルダー「総合問題」に保存し、閉じておきましょう。

実践問題

実践問題をはじめる前に	210
実践問題1	211
実践問題2	212

実践問題をはじめる前に

実践問題

本書の学習の仕上げに、実践問題にチャレンジしてみましょう。
実践問題は、ビジネスシーンにおける上司や先輩からの指示・アドバイスをもとに、求められる結果を導き出すためのPowerPointの操作方法を自ら考えて解く問題です。
次の流れを参考に、自分に合ったやり方で、実践問題に挑戦してみましょう。

1 状況や指示・アドバイスを把握する

まずは、ビジネスシーンの状況と、上司や先輩からの指示・アドバイスを確認しましょう。

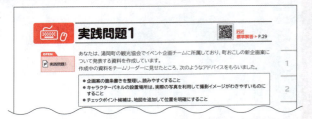

2 条件を確認する

問題文だけでは判断しにくい内容や、補足する内容を「条件」として記載しています。この条件に従って、操作をはじめましょう。
完成例と同じに仕上げる必要はありません。自分で最適と思える方法で操作してみましょう。

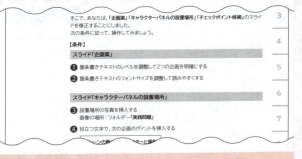

3 完成例・アドバイス・操作手順を確認する

最後に、標準解答で、完成例とアドバイスを確認しましょう。アドバイスには、完成例のとおりに作成する場合の効率的な操作方法や、操作するときに気を付けたい点などを記載しています。
自力で操作できなかった部分は、操作手順もしっかり確認しましょう。

※標準解答は、FOM出版のホームページで提供しています。P.5「5 学習ファイルと標準解答のご提供について」を参照してください。

実践問題1

PDF
標準解答 ▶ P.29

OPEN

P 実践問題1

あなたは、湯岡町の観光協会でイベント企画チームに所属しており、町おこしの新企画案について発表する資料を作成しています。
作成中の資料をチームリーダーに見せたところ、次のようなアドバイスをもらいました。

- 企画案の箇条書きを整理し、読みやすくすること
- キャラクターパネルの設置場所は、実際の写真を利用して撮影イメージがわきやすいものにすること
- チェックポイント候補は、地図を追加して位置を明確にすること

そこで、あなたは、「**企画案**」「**キャラクターパネルの設置場所**」「**チェックポイント候補**」のスライドを修正することにしました。
次の条件に従って、操作してみましょう。

【条件】

スライド「企画案」

❶ 箇条書きテキストのレベルを調整して2つの企画を明確にする

❷ 箇条書きテキストのフォントサイズを調整して読みやすくする

スライド「キャラクターパネルの設置場所」

❸ 設置場所の写真を挿入する
　画像の場所：フォルダー「**実践問題**」

❹ 目立つ文字で、次の企画のポイントを挿入する

> **名シーンの舞台でキャラクターと撮影**

スライド「チェックポイント候補」

❺ 地図の画像を挿入する
　画像の場所：フォルダー「**実践問題**」

❻ 地図内の赤丸がキャラクターパネルの設置場所とわかるように、アイコンを挿入する

❼ 地図内の緑丸「**湯岡観光案内所**」が景品交換場所とわかるようにする

※プレゼンテーションに「実践問題1完成」と名前を付けて、フォルダー「実践問題」に保存し、閉じておきましょう。

実践問題2

あなたは、システム開発会社の経営管理の部署に所属しており、会議で発表する東北エリアの2024年度下期の売上報告資料を作成しています。
上司からは、次のように指示を受けています。

- 下期（10月～3月）の月別売上実績だけを発表すること
- 通年の売上実績のスライドは、ほかの会議で使うのでそのまま残しておくこと
- 下期に大型案件を受注した岩手支店を取り上げること
- 2025年度の各支店の売上目標を入れること
- 2025年度売上目標の上期合計を強調すること
- 発表内容だけのスライドショーを準備すること

そこで、あなたは、作成中の資料をもとに、発表の準備を進めることにしました。
次の条件に従って、操作してみましょう。

【条件】

スライド「2024年度下期 月別売上実績」

❶ スライド「2024年度 月別売上実績」をもとに、下期の月別売上実績のスライドを作成する

スライド「岩手支店をピックアップ」

❷ 岩手支店の下期の月別売上実績だけを表示したグラフを追加する

❸ 12月が伸びている理由として、次の案件名と金額を記載する

> 水川産業様
> 品質管理システム
> 2,250千円

スライド「2025年度 売上目標」

❹ 次のデータをもとに、2025年度売上目標のスライドを作成する

青森支店	上期12,000千円	下期13,000千円
秋田支店	上期9,000千円	下期11,000千円
岩手支店	上期10,000千円	下期11,000千円
宮城支店	上期20,000千円	下期23,000千円
山形支店	上期10,000千円	下期13,000千円
合計	上期61,000千円	下期71,000千円

❺ 2025年度売上目標の上期合計を、アニメーションを使って目立たせる

目的別スライドショーの作成

❻ スライド2を除外した目的別スライドショーを作成する
登録する名前：「2025年度キックオフ会議」

※プレゼンテーションに「実践問題2完成」と名前を付けて、フォルダー「実践問題」に保存し、閉じておきましょう。

索引

INDEX 索引

D

Designer ·· 30

E

Excelでデータを編集 ······························ 95

M

Microsoft Search ································· 20
Microsoftアカウントのユーザー情報 ········· 16,20

P

PowerPoint ·· 11
PowerPointの概要 ······························ 11
PowerPointの画面構成 ························ 20
PowerPointの起動 ······························ 15
PowerPointの終了 ······························ 26
PowerPointのスタート画面 ···················· 16
PowerPointの表示モード ······················ 21

S

SmartArtグラフィック ························· 112
SmartArtグラフィックに変換 ················· 122
SmartArtグラフィックの移動 ················· 117
SmartArtグラフィックのサイズ変更 ········· 117
SmartArtグラフィックのサイズ変更に伴う
　　レイアウト変更 ····························· 118
SmartArtグラフィックの削除 ················· 116
SmartArtグラフィックの作成 ·········· 112,113
SmartArtグラフィックの図形のサイズ変更 ··· 118
SmartArtグラフィックの図形の削除 ·········· 116
SmartArtグラフィックの図形の書式設定 ······ 120
SmartArtグラフィックの図形の追加 ···· 115,116
SmartArtグラフィックの図形の変更 ·········· 116
SmartArtグラフィックの選択 ················· 114
SmartArtグラフィックのリセット ············ 121
SmartArtグラフィックのレイアウト変更 ·· 118,124
SmartArtグラフィックを図形に変換 ·········· 123
SmartArtグラフィックをテキストに変換 ······ 123
SmartArtのスタイル ······················ 119,120

あ

アイコン ·· 138
アイコンの移動 ···································· 140
アイコンのサイズ変更 ····························· 140
アイコンの削除 ···································· 139
アイコンの書式設定 ······························· 141
アイコンの挿入 ·································· 138,139
アウトライン ······································· 165
アウトラインペイン ································· 21
アクセシビリティ ·································· 24
アクセシビリティチェック ······················ 24
値軸 ··· 87
新しいスライドの挿入 ····························· 38
新しいフォルダーを作成してファイルを保存 ··········· 60
新しいプレゼンテーション ······················· 16
新しいプレゼンテーションの作成 ·················· 30
アニメーション ···································· 151
アニメーションの解除 ····························· 156
アニメーションの確認 ····························· 153
アニメーションのコピー/貼り付け ·············· 156
アニメーションの再生順序の変更 ················ 155
アニメーションの設定 ····························· 152
アニメーションのタイミング ···················· 155
アニメーションの番号 ····························· 154
アニメーションのプレビュー ···················· 154

い

移動（SmartArtグラフィック） ··············· 117
移動（アイコン） ·································· 140
移動（画像） ······································· 134
移動（グラフ） ···································· 86
移動（図形） ······································· 105
移動（表） ··· 69
移動（プレースホルダー） ······················· 37
移動（文字） ······································· 43
移動（ワードアート） ····························· 145
インク注釈 ··· 176
インク注釈の削除 ································· 176
インク注釈の保持 ································· 176
印刷（ノート） ···································· 168
印刷のレイアウト ································· 165

う

ウィンドウの操作ボタン	16
上書き保存	60

え

エクスプローラーからプレゼンテーションを開く	18
閲覧表示	23

お

オブジェクト	151
オンライン画像	134

か

解除 (アニメーション)	156
解除 (画面切り替え効果)	159
解除 (太字)	109
箇条書きテキスト	39
箇条書きテキストの改行	40
箇条書きテキストの入力	39
箇条書きテキストのレベルの変更	40,41
画像	132
画像の明るさの調整	137
画像の移動	134
画像の回転	136
画像の加工	137
画像のコントラストの調整	137
画像のサイズ変更	134
画像の削除	134
画像の挿入	132,134
画面切り替え	157
画面切り替えの解除	159
画面切り替えの確認	159
画面切り替えの設定	157
画面切り替えのタイミング	161
画面切り替えのプレビュー	159
画面構成 (PowerPoint)	20
画面の自動切り換え	161
画面を黒に切り替え	172
画面を白に切り替え	172

き

行	66
行間の設定	50
行頭文字の詳細設定	49

（右段）

行頭文字の変更	48
行の削除	71
行の挿入	72
行の高さの詳細設定	73
行の高さの変更	73
《記録中》ツールバー	186

く

クイックアクセスツールバー	20
グラフ	82
グラフエリア	87
グラフスタイル	88,90
グラフタイトル	87
グラフタイトルの書式設定	91
グラフの移動	86
グラフの色の変更	90
グラフの構成要素	87
グラフのコピー	93
グラフのサイズ変更	86
グラフの削除	93
グラフの作成	82,85
グラフの種類の変更	89
グラフの選択	88
グラフのもとになるデータの修正	94
グラフのレイアウトの変更	89
グラフフィルター	88
グラフ要素	88
グラフ要素の書式設定	92
グラフ要素の表示・非表示	88
クリア (スライドのタイミング)	186
クリア (表のスタイル)	74
クリア (ワードアート)	146

け

蛍光ペン (書式)	45
蛍光ペン (スライドショー)	173
蛍光ペンで書き込んだ内容の消去	175
現在のウィンドウの大きさに合わせてスライドを拡大または縮小します。	21

こ

効果のオプションの設定 (アニメーション)	154
効果のオプションの設定 (画面切り替え)	160
項目軸	87
項目内の強制改行	114

21

さ

最近使ったアイテム	16
最小化	16
サイズ変更 (SmartArtグラフィック)	117
サイズ変更 (SmartArtグラフィックの図形)	118
サイズ変更 (アイコン)	140
サイズ変更 (画像)	134
サイズ変更 (グラフ)	86
サイズ変更 (図形)	105,118
サイズ変更 (表)	69,70
サイズ変更 (プレースホルダー)	36
サイズ変更 (ワードアート)	145
最大化	16
サインアウト	16
サインイン	16
削除 (SmartArtグラフィック)	116
削除 (SmartArtグラフィックの図形)	115,116
削除 (アイコン)	139
削除 (インク注釈)	176
削除 (画像)	134
削除 (行)	71
削除 (グラフ)	93
削除 (図形)	103
削除 (スライド)	52
削除 (表)	71
削除 (プレースホルダー)	35
削除 (目的別スライドショー)	190
削除 (列)	71
削除 (ワードアート)	143
作成 (SmartArtグラフィック)	112,113
作成 (新しいプレゼンテーション)	30
作成 (グラフ)	82,85
作成 (図形)	102
作成 (表)	66,68
作成 (目的別スライドショー)	188
サムネイルペイン	21
サムネイルペインのスクロール	24

し

軸ラベル	87
自動調整オプション	34
自動保存	20,21
ショートカットツール	84,88
書式設定 (SmartArtグラフィックの図形)	120
書式設定 (アイコン)	141
書式設定 (グラフタイトル)	91
書式設定 (グラフ要素)	92
書式設定 (図形)	108,120
書式設定 (データラベル)	92
書式の一括設定	46
書式のコピー/貼り付け	46
新規	16

す

ズーム	21
スクロールバー	20
図形	102
図形の移動	105
図形のコピー	110
図形のサイズ変更	105,118
図形の削除	103,116
図形の作成	102
図形の書式設定	108,120
図形のスタイル	107,108
図形の選択	106
図形の追加 (SmartArtグラフィック)	115,116
図形の変更 (SmartArtグラフィック)	116
図形の枠線	109
図形への文字の追加	104
スケッチスタイル	108
スタート画面	16
ステータスバー	20
ストック画像	134
図のスタイル	136
スマートガイド	37
スライド	19
スライド一覧表示	22,53
スライド一覧表示の時間	161
スライドショー	23,56
スライドショーの実行	56,180
スライドショーの中断	57
スライドの入れ替え	52,54
スライドの拡大表示	182
スライドの切り替え	24,170
スライドのサイズ	30
スライドの削除	52
スライドの挿入位置	38
スライドのタイミングのクリア	186
スライドの複製	51
スライドのモノクロ表示	169
スライドのレイアウトの変更	38
スライドペイン	21

せ

セル	66
選択（SmartArtグラフィック）	114
選択（グラフ）	88
選択（図形）	106
選択（表）	77
選択（複数のスライド）	55
選択（プレースホルダー）	34
選択（文字）	43

そ

挿入（アイコン）	138,139
挿入（新しいスライド）	38
挿入（画像）	132,134
挿入（行）	72
挿入（ノート内オブジェクト）	167
挿入（列）	72
挿入（ワードアート）	142

た

代替テキスト	133
代替テキストの自動生成	133
タイトルスライド	33
タイトルの入力	33
タイトルバー	20
段落番号の設定	49

ち

調整ハンドル	106

て

データ系列	87
データ範囲の調整	95
データ範囲の表示	85
データ要素	87
データラベル	87
データラベルの書式設定	92
テーマ	31
テーマのバリエーション	32
テキストウィンドウ	113,114
テキストウィンドウの表示・非表示	113
テキストウィンドウを使ったレベルの変更	125
デザイナー	30

と

閉じる	16,25,26

な

名前を付けて保存	58,59,60

の

ノート	20,165
ノートの印刷	168
ノート表示	23
ノートペイン	21,166
ノートペインへの入力	166
ノートへのオブジェクトの挿入	167

は

配布資料	165
発表者ツール	177
発表者ツールの画面の構成	179
発表者ツールの使用	177,178
貼り付けのオプション	43
凡例	87

ひ

非表示スライドの設定	172
表	66
表示選択ショートカット	21
表示倍率の変更	53
表示モード	21
標準表示	21,55
表スタイルのオプション	75
表内のカーソルの移動	68
表の移動	69
表の構成	66
表のサイズ変更	69
表のサイズの詳細設定	70
表の削除	71
表の作成	66,68
表のスタイル	74,75
表のスタイルのクリア	74
表の選択	77
開く	16,17,18

索引

ふ

フォントサイズの拡大	46
フォントサイズの縮小	46
フォントサイズの設定	121
フォントサイズの変更	44
フォントの色の変更	44
フォントの変更	44
複数のスライドの選択	55
太字の解除	109
フルページサイズのスライド	165
プレースホルダー	33
プレースホルダーのアイコン	68,85,113,134
プレースホルダーの移動	37
プレースホルダーのサイズ変更	36
プレースホルダーの削除	35
プレースホルダーの選択	34
プレースホルダーのリセット	35
プレゼンテーション	19
プレゼンテーションの作成	16,30
プレゼンテーションの保存	58
プレゼンテーションを閉じる	25,26
プレゼンテーションを開く	16,17,18
プロットエリア	87

へ

ペイン	21
ペン	173
ペンの色の変更	174
ペンで書き込んだ内容の消去	175

ほ

ホーム	16
ボタン名の確認	38
ポップヒント	38

も

目的のスライドへジャンプ（スライドショー）	171
目的のスライドへジャンプ（発表者ツール）	181
目的別スライドショー	187
目的別スライドショーの削除	190
目的別スライドショーの作成	188
目的別スライドショーの実行	190
目的別スライドショーの定義	189
文字飾りの設定	46

文字の移動	43
文字の間隔	50
文字のコピー	41
文字の選択	43
文字の配置の変更	76,77
文字列の方向の変更	144
元に戻す	40
元のサイズに戻す	16

や

やり直し	40

り

リアルタイムプレビュー	31
リセット（SmartArtグラフィック）	121
リセット（プレースホルダー）	35
リハーサル	184
リハーサルの実行	184
リボン	20
リボンを折りたたむ	20

れ

レーザーポインター	176
列	66
列の削除	71
列の挿入	72
列の幅の詳細設定	73
列の幅の変更	73
レベルの変更（箇条書きテキスト）	40,41
レベルの変更（SmartArtグラフィック）	125
レリーフ	181

わ

ワードアート	142
ワードアートの移動	145
ワードアートのクリア	146
ワードアートのサイズ変更	145
ワードアートの削除	143
ワードアートのスタイル	144,146
ワードアートの挿入	142
ワードアートの枠線	143

おわりに

最後まで学習を進めていただき、ありがとうございました。PowerPointの学習はいかがでしたか？
本書では、基本的なプレゼンテーションの作成に始まり、表やグラフの作成、図形やSmartArtグラフィックの作成、画像やワードアートの挿入、特殊効果の設定、プレゼンテーションをサポートする機能をご紹介しました。

PowerPointは、画面切り替えやアニメーションなど、多彩な動きが付けられるところがおもしろいアプリです。本書の操作の中で使っていない機能や効果も、ぜひ試してみてください。

もし、難しいなと思った部分があったら、練習問題や総合問題を活用して、学習内容を振り返ってみてください。繰り返すことでより理解が深まります。さらに、実践問題に取り組めば、最適な操作や資料のまとめ方を自ら考えることで、すぐに実務に役立つ力が身に付くことでしょう。

また、本書での学習を終了された方には、「よくわかる」シリーズの次の書籍をおすすめします。
「よくわかる PowerPoint 2024応用」では、スライドのカスタマイズ方法、画像、動画、音声などを活用して、よりバリエーション豊かなプレゼンテーションを作成する方法や、ほかのアプリケーションとの連携などについて習得できます。Let's Challenge!!

FOM出版

FOM出版テキスト
最新情報 のご案内

FOM出版では、お客様の利用シーンに合わせて、最適なテキストをご提供するために、様々なシリーズをご用意しています。

FOM出版　🔍検索

https://www.fom.fujitsu.com/goods/

FAQ のご案内
［テキストに関するよくあるご質問］

FOM出版テキストのお客様Q&A窓口に皆様から多く寄せられたご質問に回答を付けて掲載しています。

　🔍検索

https://www.fom.fujitsu.com/goods/faq/

よくわかる
Microsoft® PowerPoint® 2024 基礎
Office 2024／Microsoft 365 対応
（FPT2418）

2025年 3 月11日　初版発行

著作／制作：株式会社富士通ラーニングメディア

発行者：佐竹　秀彦

発行所：FOM出版（株式会社富士通ラーニングメディア）
　　　　〒212-0014　神奈川県川崎市幸区大宮町 1 番地 5　JR川崎タワー
　　　　https://www.fom.fujitsu.com/goods/

印刷／製本：株式会社サンヨー

● 本書は、構成・文章・プログラム・画像・データなどのすべてにおいて、著作権法上の保護を受けています。
本書の一部あるいは全部について、いかなる方法においても複写・複製など、著作権法上で規定された権利を侵害
する行為を行うことは禁じられています。
● 本書に関するご質問は、ホームページまたはメールにてお寄せください。
　＜ホームページ＞
　上記ホームページ内の「FOM出版」から「QAサポート」にアクセスし、「QAフォームのご案内」からQAフォームを
　選択して、必要事項をご記入の上、送信してください。
　＜メール＞
　FOM-shuppan-QA@cs.jp.fujitsu.com
　なお、次の点に関しては、あらかじめご了承ください。
　・ご質問の内容によっては、回答に日数を要する場合があります。
　・本書の範囲を超えるご質問にはお答えできません。　・電話やFAXによるご質問には一切応じておりません。
● 本製品に起因してご使用者に直接または間接的損害が生じても、株式会社富士通ラーニングメディアはいかなる
責任も負わないものとし、一切の賠償などは行わないものとします。
● 本書に記載された内容などは、予告なく変更される場合があります。
● 落丁・乱丁はお取り替えいたします。

©2025 Fujitsu Learning Media Limited
Printed in Japan
ISBN978-4-86775-146-6